让知识成为每个人的力量

生活黑客

HACKING LIFE

[美]约瑟夫·M.小雷格尔/著   沈慧/译

台海出版社

献给妈妈
您教会我此生第一个黑客技巧——系鞋带

⊙ 推荐序：摩登修炼者

有一次跟我一个几年未见的大学同学在费城逛中国超市，我想买点好吃的带走。他给我推荐了几个东西，突然问我，你抵制日货吗？

我说我不抵制。他说那你可以买这个，这个很好吃。

我同学真是个优秀的现代人。我对日货没有强烈立场，我同学也不抵制日货，但是他尊重抵制日货的人。这就好比说你可能不信教也不是素食主义者，但是你会照顾一下别人的宗教信仰和饮食取向。这种照顾可能很大程度上是和平共处的生存智慧，因为现代社会中，有某种"讲究"的人，正在变多。

中国可能还不明显。你在美国会很容易遇到一个严格的素食主义者，或者是热忱的环保主义者，或者是强硬的特朗普反对者，或者是高调的冥想修行者。我私下觉得这挺好的，这样的社会更有意思，而且我认为那些有讲究的人活得更认真。他们不是小打小闹偶尔为之，而是像古代那些修炼者一样，是在系统化地生活。

约瑟夫·M.小雷格尔这本《生活黑客》描写的也是这样一群"讲究人"，他们是坚决的自我完善者。

*

你肯定也会经常看一些什么"生活小窍门"的视频，读一点励志的书，上网查询各种"怎么办"。这些都很好，特别是现在有一些经过科学验证的方法，的确有效。《生活黑客》这本书里列举了各种被认为有效的办法。

你可以用"要事优先"的原则提高工作效率，可以用提升意愿的方法管住自己不浪费时间，可以用量化自我的方法管理自己的健康，可以用精要主义的方法摆脱对物质的执着，可以用心理学和经济学的方法优化浪漫关系，可以用斯多葛哲学的方法建立一套情绪准则。

但如果你只把这些方法当做解决问题的实用手段，每次用到才想到或者想到才用到，还停留在追问到底有用没用、有多大用、怎么才有用那个层次上，你跟生活黑客相比就落了下乘。

研究生上专业课会问导师那个知识对科研有多大用处吗？运动员练基本功会要求那个动作立即见效吗？所有的道士都明知道"成仙"是虚无缥缈的传说，那他们为什么还要那么认真地修炼呢？

以我之见，生活黑客区别于普通的问题解决者的关键在于，他们真正在意的并不是有没有用，而是对个人生活的掌控感。他们就好像修仙小说里的那些道士一样，时刻都在自己审视自己，给自己设定了一套严格的原则和纪律系统，一心想要通过执行这个系统而实现自我的升级。

这个升级不是升官、升学、升职那种东西——那些只是副产品——而是个人的效能、健康、意志品质之类内在素质的提升。他们关注的不是某一件事能不能做好，而是自己这个人，能达到一个什么状态。

当你遇到一位持戒甚严的僧人或者道士的时候，哪怕你并不认同他的信仰，你也会对他肃然起敬。生活黑客让人尊敬的不是他们有多厉害，也不是他们的方法有多高级，而是他们那个自我完善的精神。

*

自我完善这个精神古已有之。雅典哲学、印度佛教、中国的道教和儒家，从来都不是说大家探讨一下理论就行，都是要身体力行，要超凡入圣。孟子善于"养吾浩然之气"，本杰明·富兰克林（Benjamin Franklin）有个小本本给自己记道德账，曾国藩每天必须静坐、必须读史书、必须写日记，他们可以说也是生活黑客。

现代生活黑客都是什么人呢？小雷格尔做了大量的调查研究，像一个人类学家一样对生活黑客的分类流派、历史传承、思想脉络和行为习惯做了全面描述。我们会从中发现现代生活黑客跟古代的修炼者至少有三点不同，而这正是他们的优势。

第一，生活黑客的目标更实际。

尤瓦尔·赫拉利（Yuval Harari）提出了一个"神人"的概念，认为未来会有基因改造＋人机合一的新人类出现。现在脑机接口的确是个热门话题，埃隆·马斯克（Elon Musk）等人可能很快就会把它产品化。这跟古人修炼是想要成仙殊途同归。但是据我所知，绝大多数生活黑客并没有"成为超人"那么极端的追求。

他们只是想比普通人强一点——或者更严格地说，他们想要超越的只是平庸的自己。生活黑客不是深山里的隐士，他们属于小雷格尔说的"创新阶层"，是现代社会的产物。他们从事的是工程师、教育工作者、艺术家、设计师这样需要发挥创造力的职业，有自由支配的时间，需要独立的思考判断。

如果你很自由，你可以发展一些什么美食、旅游之类的业余爱好去享受生活，而生活黑客选择的是提升自我。没人规定他们做多少的时候，他们想要做更多。

第二，生活黑客注重现代技术。

生活黑客之所以叫黑客，就是因为他们善于用最新技术去破解生活。他们率先使用新出的可穿戴设备，他们用智能手机做时间管理，他们可以把寻找约会对象和预定约会时间这样的"生活琐事"通过互联网外包给几个菲律宾人，他们乐于尝试用一种营养配方蛋白粉彻底取代一日三餐。

而且生活黑客还很有实验精神。既然人体如此复杂，像营养学这种事儿连医生也说不准，生活黑客干脆就拿自己做实验。"量化自我"运动已经兴起多年，最近随着智能手表和智能戒指的普及会变得更加流行。生活黑客会详细监测比如说自己进入快速眼动睡眠的时间长短，期待能定制一个最优化的睡眠方案。

第三，生活黑客非常爱分享。

古代要是哪个门派有点什么高级功夫一定得藏着掖着，而现代的生活黑客不但完全不介意，而且是非常积极地把自己的经验分享给别人。这个时代缺少的不是知识，而是注意力和意志力——生活黑客发现别人的注意力能帮助提高自己的意志力。他们会在社交网站公开工作方法和工作计划，有的甚至 24 小时直播自己的一举一动，欢迎网友监督。

而如果你能吸引到足够多的粉丝，分享就成了一件正经事。生活黑客中涌现出一批大师级的人物。

富兰克林和曾国藩这些人有时候也爱给人讲点人生的经验，但是现在的蒂姆·费里斯（Tim Ferriss）、凯文·凯利（Kevin Kelly）等人，在某种程度上已经把分享人生经验作为了自己的正式工作。他们非常乐意率先尝试新事物、发明新名词，到处讲解和鼓吹，享受"人生导师"的感觉。生活黑客的思想市场现在是百家争鸣十分热闹。

而因为这些导师们非常理解"共赢"的道理，他们一向都是互相推荐和吹捧，从来没有贬低别人抬高自己的行为。生活黑客导师市场一点都不像以前相声演员那种互相倾轧的底层江湖，而是一个特别注重公司品牌形象的文化产业。

但是生活黑客并不能完全摆脱古代修炼者的宿命：修炼有个走火入魔的风险。

*

严肃学者著作和人生导师鸡汤励志书的一个关键区别是后者只提供正能量：这有个方法，我用了有效，乔布斯、马斯克、芒格他们也是这么做的，你也可以！你要是做不到，那就是你自己的思想有问题，你不配成功。而严肃学者会告诉你什么方法都没有那么神奇的疗效，成功很大程度上是运气，而且每个方法都有副作用，人生其实是一系列矛盾的选择。

小雷格尔是个严肃学者。《生活黑客》这本书列举了大量的方法和研究，但它并不是鼓动你成为一个生活黑客。选择有条件，美德有"近敌"，方法有风险，优异有代价。

小雷格尔每讲一种破解生活的方法都提供了相关的反思：你能选择把琐事外包给别人，那是因为你有一定的经济条件。极简主义的生活风格就好像苹果的产品一样……贵，而且因为更不愿意妥协，反而是一种执着。营养学的确不是一门成熟的科学，但是拿自己身体测试极端的养生法应该不是个好主意。用心理学和经济学"经营"出来的浪漫关系，还是浪漫关系吗？

跟所有的修炼者一样，生活黑客的"优化"要是走到岔路上去了，就会成为"黑化"。

不过话说回来，也跟所有的修炼者一样，生活黑客追求的其实不是"真有效"，而是意义。

*

戴维·布鲁克斯（David Brooks）在《第二座山》（*The Second Mountain*）这本书中讲，理想人生应该有一个"commitment"，大约可以翻译成"誓约"。誓约是单方面的，只讲对自己的约束而不计外部世界给多少回报。你做这件事儿不是因为这件事儿本身怎么样，而是因为通过这个行为，你的选择从此有了方向，你的人生有了意义，你对自身有了掌控感，你获得了自我认同。

我看这也是一个悖论。有誓约的人可能到头来只得到了心理上的满足感，但是没有誓约的人更可能走不远。生活黑客崇尚科学，然而只要是个修炼系统，信仰就一定比科学重要。既然人生反正也是充满不确定性，我们就应该给那些舍得在一个领域投入自我的人一点敬意。

有条件成为一个生活黑客的确已经是一种幸运，毕竟是多了一次机会。成为生活黑客不需要学历证明、没有硬性的天赋要求、不设门槛，而且多数项目其实花不了多少钱。

所以我比小雷格尔稍微积极一点。我希望中国出现更多的生活黑客，每个人都找到适合自己的一派功法，而且真把它当回事儿。可能下面这样的场景会越来越常见：

"你相信地中海饮食吗？这里有很多蔬菜和水果，还有低脂牛奶。"

"谢谢，我自己测试过了，地中海饮食不适合我。我一会儿有个会议，现在要多吃点蛋白质，再来点糖，我需要脑力！"

"你能给我 30 秒吗？我想给你一个电梯演讲，有个新设想。"

"没事儿你慢慢讲，算上反馈我给你 8 分钟！我正在练习注意力。"

……

生活黑客也许是在瞎折腾，但是这个人人争先、借助一切现代化手段努力自我实现的劲头真是好。

万维钢

（科学作家，得到 App《精英日课》专栏作者）

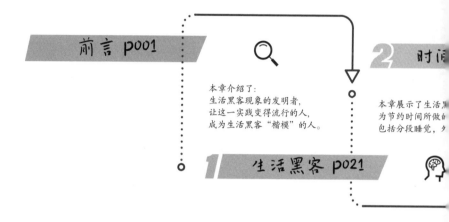

前言 p001

本章介绍了:
生活黑客现象的发明者,
让这一实践变得流行的人,
成为生活黑客"楷模"的人。

2 时间

本章展示了生活黑
为节约时间所做的
包括分段睡觉, 夕

1 生活黑客 p021

目录
CONTENTS

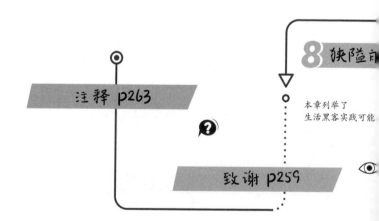

8 狭隘的

注释 p263

本章列举了
生活黑客实践可能

致谢 p259

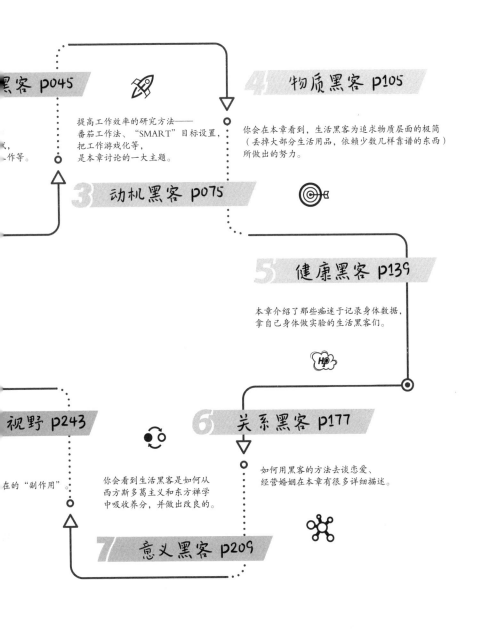

黑客 p045

提高工作效率的研究方法——
番茄工作法、"SMART"目标设置,
把工作游戏化等,
是本章讨论的一大主题。

4 物质黑客 p105

你会在本章看到,生活黑客为追求物质层面的极简
(丢掉大部分生活用品,依赖少数几样靠谱的东西)
所做出的努力。

3 动机黑客 p075

5 健康黑客 p139

本章介绍了那些痴迷于记录身体数据,
拿自己身体做实验的生活黑客们。

视野 p243

6 关系黑客 p177

如何用黑客的方法去谈恋爱、
经营婚姻在本章有很多详细描述。

在的"副作用"

你会看到生活黑客是如何从
西方斯多葛主义和东方禅学
中吸收养分,并做出改良的。

7 意义黑客 p209

生活黑客的几个效率工具 P083
一款完不成目标就会罚钱的App P095

→ 动机黑客

→ 物质黑客

怎么把睡觉的时间用来工作？ P049
居然有人雇人打自己耳光，提高工作效率？ P064

时间黑客

生活黑客是怎么给别人安利好东西的？ P109
极简主义者断舍离的故事 P124

↑

生活黑客

←

谁是生活黑客现象的发明者？ P025
谁让生活黑客现象真正流行起来？ P036

START

→ 前言

黑客精神是怎样的？ P003
黑客的工作，和你想的不大一样 P004

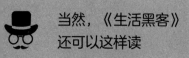

当然，《生活黑客》
还可以这样读

如何在没有门票的情况下进入一场时装秀？　P249

读得不尽兴，还可以找找这些资料 P263

谁会把自己当小白鼠做实验？ P150
生活黑客是怎么推销保健品的？ P161

为什么生活黑客选中了斯多葛哲学？ P214
正念冥想的帮助 P225

搭讪文化是怎么来的？ p184
数据怎么被用来约会？ P195
如何用生活黑客技巧决定谁干家务活？ P198

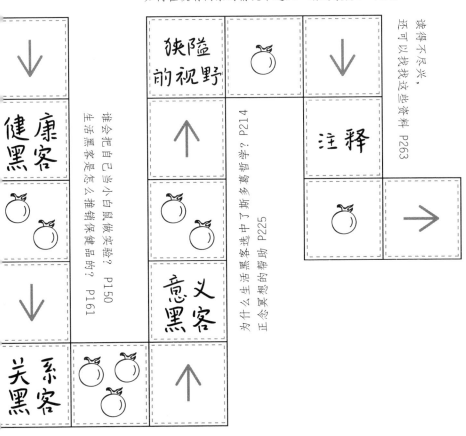

⊙ 前言

　　马克·里特曼（Mark Rittman）的家中布满了传感器和控制开关，数据在他房子里、身体上和车库里的服务器之间自由穿梭。门传感器、运动传感器和温度传感器监测着马克周遭的环境，iPhone 和健康手环则"盯"着他本人不放。一切都被录入系统等待分析，向 Siri 语音助手发个请求就能控制照明、温度和音乐。里特曼最近新添了 iKettle 智能烧水壶，他希望 Siri 同样可以控制烧水壶，帮他准备好茶。他还想把这只水壶加入他早晨的自动化例行程序：戴在手腕上的健康手环一发现他醒来，便通知房子打开楼下的暖气和灯，并让水壶在他洗完澡前把水烧好。不幸的是，在把这个小装置连上网时，里特曼遇到了麻烦。他这样告诉在推特上关注他传奇故事的上千网民："3 小时过去了，还是没能喝上茶。强制再校准让 WiFi 基站不得不重启。"当他终于把水壶连上了网，水壶却无法和他的其他设备一起工作。"若要 iKettle 真的运作起来，我得黑掉全套整合系统。"他继续在推特上更新进展。里特曼最后终于成功的时候，他的故事伴随英国《卫报》（*The*

Guardian）的率先报道而被全世界知晓："一名英国人花了 11 小时，试图用无线水壶科技泡茶。"[1]

对系统的运作方式疯狂迷恋，有时甚至是过度迷恋——里特曼的计划堪称是这类黑客思维的典范。但我们不妨先设想一下存在于科技前沿以外的另一种黑客。哈珀（Harper）买了个打折的 iKettle，花了几个周末摆弄后，她认为这东西"蠢"得不可救药。更糟的是，发票不见了。不过还好，她可以向另一类黑客求助：哈珀记得"生活黑客"（Lifehacker）网站上的一个帖子：《如何在没有发票的情况下退货，几乎适用于一切商品》。[2]哈珀决定孤注一掷：她耐下性子来又等了几个星期，直到圣诞节后才把水壶退掉。虽然可能要排很久的队，但那个时候的商店往往会比较仁慈。

作为一名数据分析师和自我追踪者，里特曼的黑客技巧之所以能够奏效，是因为他了解家居自动化背后的技术系统。而哈珀的无发票退货黑客技巧之所以能够发挥作用，是因为她了解另一种系统：购物季的"动力系统"。黑客技巧最初是指能够快速或者巧妙地解决技术系统问题的方法，但上述这两个例子说明了在过去 10 年中，这种黑客技巧的概念已被应用至生活的方方面面。生活黑客追踪并分析他们的饮食、财务、睡眠、工作和偏头疼，他们分享的窍门包括如何高效系鞋带、打包行李、找到对象和学习语言。

那些说到黑客就联想到穿着卫衣、弓着身子坐在绿莹莹的电脑荧屏前的犯罪分子的人或许会对此感到惊讶，事实上，这倒符合"黑客技巧"一词原本的含义。60 年前，麻省理工学院（MIT）

的铁路模型爱好者用**黑客技巧**来描述应用于"系统"（指火车站台下的电线和继电器网络）的快速解决方案。黑客们对这套系统的探索、创造和操控表现出了浓厚兴趣。

如今的生活黑客涵括科技、文化以及工作、财富、健康、两性关系和生活意义这些更重要的问题，它是**黑客精神**——系统化和实验性的个人主义理性态度——的体现。[3] 例如，一些自称为"生物黑客"的人正尝试"掌控治疗衰老的策略"。* 这样称呼长生术可谓信心满满——制定"治疗衰老的策略"还是非常合情合理的。** 随着科技，尤其是应用程序和互连传感器的迅猛发展，黑客精神正出现在生活中许多未曾被破解或被黑入过的领域。除了延长寿命的系统，还有提高工作效率、实现物质满足、达到最佳健身效果以及寻找伴侣和取悦性伴侣的系统。

其中一些系统或许显得有点怪异，甚至有点极端。不少评论家指出过生活黑客的自负，认为他们做过头了。然而，评论家们自己也把事情做得太过了：一位记者将生活黑客们最钟爱的《搞定》（*Getting Things Done*）一书形容为"信息时代的圣典，将不堪重负的工蜂们招纳进了一个痴迷于清空收件箱的不靠谱的新邪教"。[4] 将（黑客技巧）爱好者称为"邪教"的确引人注目，但也未免夸张了点。我们都经历过被工作和邮件压垮的时刻，这些**爱**

---

* 原文"Strategies for Engineered Negligible Senescence"直译为掌控可忽略衰老的策略，即通过医疗工程预防、修复细胞的衰老，从而使衰老达到可忽略不计的程度。——译注（后文页下注如无特殊说明均为译者注）
** 原文为"it only makes 'SENS'"。"掌控可忽略衰老策略"的缩写为 SENS。此处作者使用了"makes 'SENS'"和"makes sense"的双关。

好者——一个非常恰切的称呼——和《搞定》难道会和邪教有共通之处吗？没有人说过这本书是"圣典"或者绝对正确。其作者既不是半神，也没有格外蒙受神恩。读者也没有被要求放弃其他选择、招募新成员或者远离朋友和家人。

生活黑客是一种生活方式、一种自助之法，它既有优点，也有弱点。我自己也有极客的一面，所以我对其优点深感赞同，但它的一些弱点也让我担忧，不过这些担忧并不是因为生活黑客的怪异和狂热。恰恰相反，生活黑客的出现是因为它正当其时：当大众生活越来越像能被设计和操控的系统时，我们都需要那么一些帮助。

邪教一词让我们忽略了一个更有趣的问题：关于眼下舒适的生活，生活黑客对我们有何启发？我们将看到，生活正逐渐成为iKettle 这样的复杂系统。要和里特曼一样获取成功，我们必须致力于掌握这个系统的规则。

生活黑客里的极客和导师

人们通常认为黑客就是入侵计算机的人，即利用系统漏洞非法获取利益的人。但对比较熟悉这个词的人来说，黑客则有着截然不同的含义。没错，黑客们往往热爱技术。比如 MIT 的那些铁路模型爱好者，他们的确喜欢了解和钻研系统。但对大部分黑客来说，黑客技巧是指那些常被分享出来的，高效、新颖的解决方案。像是一些不错的妙招，或是精益求精的改良法。

分享窍门虽不是什么新鲜事——回想下《赫洛伊丝的建议》

（*Hints from Heloise*）*，直到 2004 年才有一些技术型作家开始提到生活黑客。那年 2 月，丹尼·奥布赖恩（Danny O'Brien）在美国加利福尼亚州圣迭戈（San Diego）举办的"奥赖利新兴技术大会"（O'Reilly Emerging Technology Conference）上提议增设一个"生活黑客"环节。奥布赖恩是一名作家兼数字活动家**，他注意到"技术达人"们异常高效，于是想和"最多产的技术专家们"聊聊"有关他们电脑、收件箱和日程表的秘密"。[5] 生活黑客的理念就这么风行了起来。默林·曼（Merlin Mann）在同年创立了"43 文件夹"（*43 Folders*）——得名于使用文件夹安排未来任务的管理法，吉娜·特拉帕尼（Gina Trapani）成立了至今仍十分流行的网站"生活黑客"，蒂姆·费里斯和他 2007 年度的畅销书《每周工作 4 小时》（*The 4-Hour Workweek*）则将这一实践变成了主流。[6] 虽然费里斯不太使用"生活黑客"这个说法——他将自己视为"生活方式设计"的自我实验者，但费里斯的书和播客却让他成为生活黑客最负盛名的实践者。

对于想要在黑客群体以外，或者甚至在连黑客是什么都不知道的群体中获得受众的人来说，生活方式设计是一个好用的标签。还有下文这些标签，致力于改善生活中存在的其他问题：极简主义者追求被简化了的以及更简单的生活，技术往往有助于实现这一目标。搭讪艺术家使用系统化的方法和行为性的黑客技巧在谈情说爱方面进一步"获利"。[7] 热衷于追踪自己生活（例如走的步数、吃

---

* 分享各种生活技巧的美国报纸专栏，始于 1959 年。
** 使用社交网络、电子邮件等电子通信技术进行活动的活动家。

的食物）的人或许会在"量化生活"（Quantified Self）运动中找到共鸣。我认为所有这些都属于生活黑客现象，因为他们都热衷于通过系统化的方式改善生活。这种方式既包括小窍门，比如如何削洋葱能不流眼泪，也包括更深度的建议，比如如何获得满足感。

2002 年，理查德·佛罗里达（Richard Florida）出版了《创新阶层的兴起》（*The Rise of the Creative Class*），之后没几年就出现了"生活黑客"这个说法，这并非巧合这么简单。为什么美国的某些地区相比于其他地区生活更加富足？佛罗里达认为，技术（technology）、天赋（talent）、宽容（tolerance）这"3T"和都市的发展相关。这一发展由艺术家、工程师、作家、设计师、教育工作者、演艺工作者等创造"新理念、新技术和创意内容"的工作者带动。你可以把眼下的生活黑客理解为这类创新阶层的系统化支持者。创新阶层的成员大概占了美国全部劳动人口的 30%，他们"在解决复杂问题时，需要大量运用独立的判断力"。[8] 他们接受或者偏爱有弹性的工作，即便这样的工作会超出每周朝九晚五的工作时间。他们不太在意穿着和礼节，更加认同自己的职业而非雇主。同生活黑客所持理念更切实相关的是，他们感觉为工作忙忙碌碌要好过算着时间下班，他们抱怨的往往是时间太少，而不是工作太多。

自认为是生活黑客的人当中，确实共享着一些典型特征，当然个体差异也是存在的。我关注了许多（生活黑客）爱好者，和许多人在网上或者面对面地聊过。我发现就算他们有意将自己和别人区分开来——例如，不是所有的生物黑客都和"量化生活"

有关，但他们身上还是有一些共同特点。就连那些偏爱"自我实验者"或者"生活方式设计师"这些标签的人也具备生活黑客的精神。他们是偏理性的个体，喜欢系统和实验——虽然他们之间有距离感，也有各种分歧和差异存在。

我想到一种将生活黑客们分为导师和极客的区分方式。我这么做，是因为大部分针对生活黑客的评论都侧重于他们鲜明的性格（尤其是对费里斯的评论）。虽说费里斯是个重要人物，他却不是典型的生活黑客。他是位导师，他推销有关生活方式的建议，以及他作为生活方式建议提供者的角色。虽然说某人是导师并不总是一种恭维，但我并没有什么冒犯的意思。从实用角度来说，导师要比自助内容作者、生活指导或者生活方式设计师这些称谓更加简明。从分析的角度来说，它明确地指向了那些提供指导、人们会向其寻求指导的人。最近有一部关于自助内容作者托尼·罗宾斯（Tony Robbins）的纪录片，其副标题为《我不是你的导师》（*I Am Not Your Guru*）。[9]标题虽这么说，但他确实是一名导师：他和费里斯都是以给建议为职业的人。那么问题就来了：他们给的建议是基于什么样的假设，并且，他们给的建议真的合理且物有所值吗？

相比之下，极客则是热衷于改正自己的小缺点、提高自己生活质量的那群人。例如，我们会在本书后面的内容中看到一位两性关系方面的黑客，她共享了她的约会电子表格模板，别人可以使用也可以改进。许多极客都和她一样乐于分享自己的技巧和实验——这正是他们的热情所在，但他们中很少有人有志成为或者真的成为职业作家和职业的生活方式教练。

导师们确实应当受到仔细的审视。他们寻求关注，主张别人应该采取一系列基于心照不宣的假设和经济收益之上的行动。[10] 他们为寻求关注所做的行径的确吸引了我们的视线，事实上，行动背后的假设和经济收益同样值得我们关注。尽管如此，我们还是不应该忘记，生活黑客也是一种人们分享窍门和工具的文化，其目的是实现更美好的生活。

自助、实践哲学和系统

你，芸芸大众之一，采取了正确的态度和行动，便有可能成功。要知道怎么做，从 45000 多本自助类出版物中挑一些来参考就行。大部分美国人就是那么做的。这类书刊的市场价值在 5 亿美元以上——算上音频、视频、电视促销节目、个人指导的话就是 100 亿美元以上的生意。[11]

生活黑客是自助产业历史上的新篇章。我们对成功的定义变了，所给的建议相对应地也发生了改变。接受神的帮助，一如人们在 19 世纪 90 年代所为，是否能为我们带来成功？还是像 20 世纪 30 年代的自助类经典建议的那样，效仿已经富起来了的那些人，使用在信息过剩的今天那些发达起来的技术达人们的秘诀呢？正如史蒂文·施塔克（Steven Starker）在他为自助产业撰写的"史书"中提到的，自助类书籍"折射出了其出现年代的社会文化背景，在某种程度上揭示了那个年代个体的需求、愿望和恐惧"。[12] 为费里斯在《纽约客》（New Yorker）上写小传的一个作者如此打趣道："每一代人都得到了他们应得的自助导师。"[13]

生活黑客是自助的新近实例，两者都是如今所说的"实践哲学"的延续。和理论哲学不同，实践哲学关注的是生活中**什么**是值得的，以及**如何**认识到这一点。[14] 那是一种生活哲学。如果说斯多葛哲学和儒家思想是古代的实践哲学，那么生活黑客属于当代的实践哲学。像是你可以通过限制自己每天处理邮件的时间来让自己变得高效。（这句话回答了实践哲学关注的两个问题：生活中什么是值得的，以及如何认识到这一点）

自助是一种受到美国文化浸染的实践哲学。正如施塔克在《超市里的专家：美国人对自助类书籍的关注》（*Oracle at the Supermarket: The American Preoccupation with Self-Help Books*）一书中所写到的："我认为，美国人的个人主义是几乎所有自助类素材的源泉。"他继续写道，自助体现了"美国人的投机主义、自力更生和成功的决心"。[15] 近来，一位为《纽约》（*New York*）杂志撰文的文化评论家表示："自从《穷理查年鉴》（*Poor Richard's Almanack*）* 开始，自助文化带来的压力——企业家精神、实用主义、狂热的自力更生、轻盈的灵性——已经在国人的 DNA 中根深蒂固。"[16] 虽然第一次出现"自助"一词的书是苏格兰人塞缪尔·斯迈尔斯（Samuel Smiles）获利丰厚的《自助》（*Self Help*）（1859 年），欧洲的舶来品自助已经和同样来自欧洲的苹果派一样，无可挽回地和美国联系在了一起。

生活黑客现在也成了这个自助"派"的其中一块。吉娜·特

---

* 本杰明·富兰克林撰写的箴言集。

拉帕尼在继续展开新事业前出版了 3 本黑客主题的图书，内容全都选自"生活黑客"网站。费里斯编写了 5 本畅销书、运营着一个受欢迎的博客，并主持有一个被广泛收听的播客，所有这些都挂着"4 小时"*的招牌。多名作者出版了有关极简主义的作品，其中包括《裸活时代：用减法带来幸福》（*The 100 Thing Challenge*）以及《留下的所有一切》（*Everything That Remains*）。[17] 另外还有些不为主流读者知悉的更小众的生活黑客书刊。尽管是通过独立出版社或者以电子书的形式出版，这些书在电商平台亚马逊上还是收到了许多评论。我甚至在我常光顾的食品杂货店的结账台上看到了一本生活黑客杂志，还发现美国国家地理频道（National Geographic）有一档名为《黑客智多星》（*Hacking the System*）的电视节目。

生活黑客是极客们的美国式自助的延续，它已经步入了主流。"美国式的个人主义"、"务实"、"有创业精神"、具备"克服一切艰难险阻的能力"，这些价值观都是生活黑客的核心所在。除此之外，生活黑客们还有系统化的思维方式、乐意做实验、对技术喜爱有加。这正适合于一个遍布着数字化网络的世界、一个充斥着系统和小装置的世界。

有些人可能会觉得生活黑客和自助一样，很难让人严肃对待。它兼容并包，从那些不被人当回事的小窍门到生活方式设计，后者被比作是"S. H. A. M."（骗子）——取自一本批评"自助和自我实现运动"（self-help and actualization movement）的图书书

---

*取自费里斯的畅销书《每周工作 4 小时》。

名——的老调重弹。[18] 然而，这种兼容并包正是生活黑客的魅力所在：系统化背后的精神既接纳平平无奇的黑客技巧，也接纳更重大的生活追求。

创业家保罗·布赫海特（Paul Buchheit），谷歌（Google）员工号23，是谷歌邮箱（Gmail）的首席程序开发，也是谷歌早期座右铭"不作恶"（Don't be evil）的创造者。他认为黑客技巧是生活的"应用哲学"。他写道："只要有系统，就有黑入系统的可能，而系统到处都是。我们的整个现实就是系统的系统，无穷无尽的系统。"的确，"不是所有人都有黑客的思维方式（社会需要各种人格）"，但那些具有这种思维方式的人在众多产业、管理体系甚至宗教领域都发挥着"改造世界"的作用。对布赫海特来说，"相比计算机中一段巧妙的代码，黑客技巧有着更大的格局，且更为重要——那是我们创造未来的方法。"[19]

布赫海特的信念很有煽动性，但显然被简化了——就像许多自助建议基于的前提一样。正如施塔克所评论的，对此表达不屑很容易，这些信念的批评者只需要用"一记点头、一个一闪而过的冷笑、一种居高临下的笑容和态度亲切的冷落"回应就行。然而，"自助类书籍是构成美国文化的坚实的一部分，它们随处可见，影响深远，对其草率地不予理会显然是行不通的，它们很值得一番探究。"[20] 这同样适用于生活黑客。

生活黑客的不同灰调

对保罗·布赫海特来说，黑客现象的力量基于这样一个事实，即所有系统都受制于两套规则：人们认知到的事物应该如何运转的规则，以及现实中的实际规则。他认为，"在大部分复杂的系统中，这两组规则之间存在着鸿沟。有时候，我们瞥见真相，发现了某个系统的实际规则。一旦人们了解到实际的规则，就有可能创造'奇迹'，即做出那些和人们认知到的规则相悖的事情。"例如，计算机黑客便可以利用程序正常的运行和现实中存在的缓冲区溢出（buffer overrun）*之间的那段距离。当然，"黑客现象并不仅限于计算机"。[21]

人们往往会用一个来自老西部电影的比喻**来描述计算机黑客：白帽子黑客（像是计算机安全专家）修复这段距离产生的系统缺陷，黑帽子黑客则利用这些缺陷攻击系统本身。而灰帽子处于两者之间：他们可能会未经允许就侵入系统，但并没有造成严重损害。我们可以把哈珀在节日期间退还水壶的行径理解为一种浅灰调。正如里特曼和其他人发现的，让水壶的无线连接正常工作并不容易。在没有发票的情况下退还水壶是对规则的变通，不至于有多坏。但如果哈珀使用了同样的技巧将水壶以全价退还到另一家商店呢？她不仅获得了多于原来折扣价的退款，还欺骗了第二家商店。这就变成了一种更深的灰调。

《如何在没有发票的情况下退货，几乎适用于一切商品》出现在万圣节前"生活黑客"网站的年度"邪恶周"。"生活黑客"的

---

* 缓冲区溢区，计算机安全领域的经典话题。在编写程序的过程中如果向缓冲区提供了多于其存储容量的数据，就容易破坏程序数据，造成意外终止。
** 在以西部世界为故事舞台的影片中，正派通常戴白色牛仔帽，而反派人物总是顶着黑色牛仔帽出场（有时会一身黑）。

编辑写道，这些帖子虽然"是半开玩笑"，却反映了"知识就是力量，至于是将这种力量用于正义还是邪恶则取决于你自己。邪恶有时候情有可原，有时候还可以帮助你'以毒攻毒'，抗争邪恶。学习如何破解密码可以让你学到如何加强安全措施。加深对如何撒谎和如何操控别人的认识，可以让你察觉到这些手段（或者在两害相权取其轻的情况下使用这些手法）。"[22] 这样的理由听上去似乎在强词夺理，也表现出了一种（倾向用技术解决问题的）个人主义思维方式。然而，某物是正是邪并不仅仅取决于个人。要了解这一点，可以用一个问题来替换道德的绝对准则：生活黑客现象在多大程度上有害，多大程度上有益？又是对谁有害或者有益？我们将会不断地回到这个问题上面去。

没有发票退货的黑客技巧显然是自私的，但如果哈珀以相同的价格将水壶退还到她购买水壶的商店，也不会造成什么损害。那如果所有人都使用了这个方法呢？这个问题可以作为伊曼努尔·康德（Immanuel Kant）的定言命令*的一例：只做你愿意看到所有人都做的事。将不实用的水壶以原价退还到购入水壶的商店的做法是无害的。然而，如果所有人都通过无发票退货黑客技巧以全价退还打折商品，这个世界将会因此而变得更糟。这种行为本身带有偷窃性质，此外，商店也会转而收紧其退货政策，这将损害其他顾客的利益。

康德的定言命令将道德考虑的范围扩展到了个人以外。我们

---

* 德意志哲学家伊曼努尔·康德将命令分为假言命令和定言命令，前者是有条件的，后者是无条件、绝对的。

可以这样判断一个黑客技巧是否普适：如果所有人都使用，它还能行得通吗，以及是否有益：这个世界会因此变得更好吗？

试想一下"鲍勃"的真实案例，鲍勃是威瑞森无线公司（Verizon）的一名开发人员，他将自己的工作外包给了一家中国公司，被公司逮到。[23] 许多在美国的员工，包括软件开发人员，都对（公司）将他们的工作外包到海外有所顾忌，觉得这样会让自己丢了饭碗。鲍勃却不这么认为：他向中国人支付了其 1/5 的薪水，每天就刷刷网页、看看视频吸猫。他将公司级别的外包策略为自己所用，黑掉了系统。鲍勃的做法很聪明，他的故事让我感觉愉快。但他也不诚实，是个麻烦人物，因为他将公司系统的访问权限给了外人。我完全理解他为什么会被解雇。不过，他只是投机取巧地利用了劳动力市场的这一现状，还是由于自己也使用了这一策略而成了（致使这一现象出现的）同谋呢？两者皆是。这是一个更灰暗的黑客技巧。鲍勃的黑客技巧显然是自私的，另外，他的黑客技巧也并不普适。它之所以成功，是因为这只是个别现象，而且仅仅在偷偷摸摸地进行。它有可能会损害到他人。鲍勃的不诚实让他的雇主承担了风险。他的黑客技巧经不起康德式的审视，因为我们不会希望全世界都变得如此不诚实。

有的生活黑客技巧可能会在无意中伤害到黑客本人和其他人。试想一下高效类黑客技巧和整容手术之间的相似之处。从个人的角度看，整容手术不失为一种提高生活质量的方法，但它也可能出错，让情况变得更糟。或者，表面的改善可能只是暂时缓解了更深层的需要，这会造成不断干预却永远无法带来满足感的恶性循环。所以说，很难放之四海而皆准地宣称整容手术对所有人都好或者不好。生活黑客也是如此。如果我们再思考一下自我提升的社会影响，情况就变得更复杂了。提升的动力通常来自于社会，实践起来时，这一动力总是会将标准推得更高，使得满足感变得更加遥不可及。[24] 一个人的变美可能会让别人感觉自己更丑。

相似的，某些提高工作效率的黑客技巧效果显著。为任务制定优先级，而不是超负荷安排任务，这是拥有高效的一天的关键所在。有些黑客技巧则不管用。喝完很多水后憋尿理应让你的注意力更加集中，但其实却更有可能让你分心。而且，像许多手术一样，有的黑客技巧要么会让事情变糟，要么就是永远无法给你满足感。超负荷安排任务是一个错误，但超级高效却永远没有止境。工作效率提高以后，所有人（包括那些高效能人士在内）都将面临更高的要求。

这些便是我们这个数字时代的灰调，这是一个可以和天涯海角的人互动，设备无处不在，还有许多科学问题有待解决的时代，一个我们可以远程工作、外包杂务、追踪和实验所有生活指标——从心率到已发送邮件——的时代。那些人们视为值得的事物中蕴含着哪些固有的价值，它们的实现方法能产生什么样的效果、造成什么样的后果，通过考查鲍勃这样的案例，我们便能对其进行评判。

名义上的、极致和"近敌"

就跟计算机黑客一样，生活黑客技巧也掺杂着一些有用的，不痛不痒的，以及有害的成分，而且三者之间并没有清晰的界限。探索这些界限可以让我们更好地理解我们在新千年面临的挑战。我们要如何在一个看重即时性和灵活性的经济体制中管理时间？如何在重视自主自立的文化中激励自己？如何在一个物质过剩和物质贫乏同样成问题的世界里理解我们和物质的关系？如何在不确定性因素越来越多，且监控无处不在的时代里知道什么真的管用？当别人在我们的设备上触手可及的时候，我们该如何与之建立连接，如何互相理解？当我们意识到没有任何东西可以让我们免除疑虑和失落，哪怕最巧妙的黑客技巧也做不到的时候，我们要如何找到生活的意义？

很多有关技术的评论探讨的便是这些问题，这些评论通常会让敌对双方一较高下，将一方捧为英雄，另一方贬为恶人，而不是让双方进行富有成效的对话。事实上，我们可以通过不预设结论的开放式提问把这件事做得更好。[25] 就拿有关脸书（Facebook）对用户幸福感有何影响的争论来说，与其简单地断定脸书让人抑郁或者脸书为抑郁者提供了社会支持，我们更应该问问不同的人使用脸书的方式。相应的，与其问生活黑客是富有远见者还是邪教分子，我们不如先来区分一下不同的实践者和他们的实践行为。

就跟我区分了极客型黑客和导师型黑客一样，我也区分了名义的黑客和极致的黑客。在工程师群体中，说某物是**名义上的**，即意味着它处于预期范围之内。流过我电源插座的电流在 114 到 126 安（120 ± 5%）之间，它就是名义上的。我使用"名义上的"这个词而不是"正常"，是因为后者（在表述的时候）会有很多陷阱。回到整容手术的那个类比，在一个多种族的世界中，什么样的鼻子才是一个正常的鼻子？背景不同，对于正常的评判标准也可能不同。而且，即便是在同一背景中，正常也往往是一种享有特权的理想模型。当鼻子整形术变得司空见惯的时候，什么样的鼻子才算是一个正常的鼻子？我们可以就高效和健康提出同样的问题。理想模型变得愈发狭隘了：社会规范影响了个人的需求，反之亦然。[26]

"名义上的"一词让我得以暂时抛开什么是正常的问题，在其和极致——位于前沿或超出前沿——之间做出区分。它们之间的区别在于其目的，一个是不落后，另一个则是超越。以游泳为例：名义上的黑客想要成为还不错的游泳健将，可以安全地戏水，而极致黑客想要在比赛中逆流而上，成为佼佼者。这一区别就跟重建手术和整容手术或者治疗和改进之间的区别一样。只是这两种黑客的区别存在于生活的各个领域。

我能够回忆起的最早的生活黑客的例子是一个名义上的健康黑客技巧：约翰·沃克（John Walker）的《黑客节食法》（*The Hacker's Diet*）。沃克创立了 AutoCAD——一款人们至今仍在使用的工程和制图软件——背后的公司。当 20 世纪 80 年代临近尾声，沃克开始为自己的发福烦恼。由于他是一名工程师，他决定将减肥作为工程问题来解决。"我用对付失灵的电子电路或计算机程序的方式研究了人体：首先按照其工作方式开发一个模型，找到影响其工作的控制因素，然后调整这些控制因素直到一切恢复正常。"他的工程方法成功了。不到一年的时间里，"在我自己的管理下，既没有使用任何药物，也没耍什么花招"，他从 97.5 公斤减到了健康的 65.8 公斤——"名义上的"体重。[27] 他在 1991 年第一次将《黑客节食法》发布在了网络上，在其后的 15 年间，《黑客节食法》一直是网民们必读的资料。

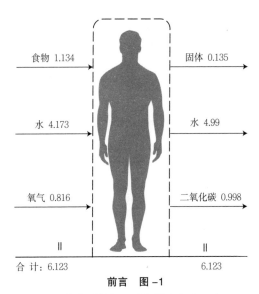

食物 1.134　　　　　　固体 0.135

水 4.173　　　　　　水 4.99

氧气 0.816　　　　　二氧化碳 0.998

合 计：6.123　　　　　　6.123

前言　图 –1

人体典型的摄入/消耗量（公斤/天）

John Walker, "Human Mass Throughput," *in The Hacker's Diet,* 2005, http://www.fourmilab.ch/hackdiet/e4/rubberbag.html.

雷·库兹韦尔（Ray Kurzweil）则是一位"极致"健康黑客。谷歌在 2012 年雇了这位著名的未来学家来推进其人工智能的研究。他每天服用的维生素和保健品数以百计，这位最近刚步入古稀之年的老人认为他在养生上的努力让他比生物学意义上的年龄年轻了将近 30 岁。通过黑入雷的健康系统，我们发现，他期望自己能活到几十年后（生物学意义上的）寿命无需结束、全面数字化的生命变得可能——而且更可取——的时候。其他稍微实际点的极致黑客技巧则包括认知增强、疯狂工作周和卡萨诺瓦*式的搭讪技巧。

我将在本书中论证生活黑客（尤其是极致型的生活黑客）和一种管状视野（tunnel vision）相关。生活黑客好比戴上了一副为马设计的眼罩**，这样的眼罩可以阻挡干扰，让人们把注意力放在个人目标上。然而，始终望向同一个方向，这也意味着黑客们对周围的人和环境可能会表现得很无知。黑客技巧越极致，视野往往越狭窄，切入问题的角度也往往很深。

我仍然不是在谴责生活黑客。生活黑客们的优点和弱点是同一枚硬币的两面。和一个一丝不苟的自我追踪者出去吃饭可能会很累，但她那信息量极高的餐馆推荐却有可能非常中肯。这一洞见也和双刃剑的比喻相关。日程应用可能会帮助你完成更多事情，但这却徒增了你的压力和焦虑。生活黑客们的性格弱点也是其力量的来源，他们设计的"小装置"有利也有弊。

如果生活黑客的优点和弱点是同一硬币的两面，硬币的边缘是什么呢？我想借用佛教哲学的分析工具来回答这个问题：硬币的边缘是"近敌"。一些美德往往有显而易见的对立面，比如同情与仇恨，仇恨是同情的"远敌"。但除此之外还有一些伪装成

---

* 极富传奇色彩的意大利冒险家，在 18 世纪是享誉欧洲的大情圣。
** 马的眼睛长在头部两侧，它们的视野较人类更为宽广，除了正后方几乎没有盲区。为了让赛马在比赛时避免受到侧方视觉的干扰，人们常会给它们戴上一种半圆形眼罩，遮住它们看向其他方向的视野。

美德的情绪，比如伪装成同情的居高临下的怜悯，伪装成爱的依赖，伪装成镇定的漠视。这些则是"近敌"。我在之后的章节中指出了工作、财富、健康、两性关系和生活意义这些领域内的"近敌"。没有人想要变得无能或不称职，但高效率（efficient）和高效能（effective）是两码事。我们谴责物质主义，但过分讲究极简主义和活得自由是两码事。没有人喜欢生病，但强迫性地查看健康数据本身就是一种病。我们希望自己被爱，但不断地建立连接和性征服并不能把我们从孤独中解救出来。没有比智慧更大的美德，但"智慧2.0"大会（Wisdom 2.0）*并没有产生什么令人满意的结果。

生活黑客的前景虽光明，但也遮蔽了我们的视线，叫人难以看清真相。我们期待让一只自动水壶为忙碌的早晨节约出几分钟时间，但又轻易失去了坐下来喝一杯茶的乐趣。

---

* 智慧2.0大会始于2009年，讨论科技和生活的命题。例如，如何在科技迅猛发展的时代真正实现更智能的生活。

生活黑客

　　我从来没想过会在食品杂货店里看到和生活黑客相关的东西，但"你今年能买到的最实用的杂志"——《生活黑客实用指南》（The Practical Guide to Life Hacks）就和结账柜台旁的八卦小报放在一起。这本印刷精美的杂志售价 15 美元，内容包括如何热爱你的工作、26 个省钱的持家技巧、只花 60 秒的健康养生之道以及幸福家庭的秘诀。杂志的内容和摆在它边上的《玛莎·斯图尔特式生活》（Martha Stewart Living）*大同小异。长久以来，自助类内容的杂志一直霸占着结账柜台。"生活黑客"和糖果棒毗邻，这是如何发生的呢？

　　1958 年的恐怖电影《变形怪体》（The Blob）中，一个来自太空的胶状怪物每吃一个人，就会变得更大、更危险。有的评论家将热衷于自我提升的人比作邪教成员，也有评论家将这一体裁的作品比作令人毛骨悚然的怪物——对此我无法苟同。一位评论家在其有关"自助出版"如何"蚕食了美国"的文章中写道，这股"要让人变得有用的瘟疫"已经"在其不断扩张的欲望下潜入并强

---

* 一本主要介绍生活方式和家务艺术的美国杂志。

占了其他领域"。¹马特·托马斯（Matt Thomas）在他的那部生活黑客批判史中将生活黑客称为一种"技术化的""殖民式"自助，"贪婪地"想要"将计算机的逻辑应用到所有人类活动中"："一旦殖民了一个领域，便继续寻找下一个可以侵占的领域。"²就连食品杂货店也不能幸免。

将生活黑客现象想象成胶状怪物身上快速生长着的毒瘤并不难。然而，即便如此，这一形象却无助于我们理解生活黑客现象的本质——它并不是一场殖民的瘟疫，它是人类某种敏感性的集体表现，是一种**黑客精神**的集体表现。

在黑客们眼中，几乎所有东西都能被视为系统：系统是模块化的，由不同部件构成，可以拆分，也可以重组；它受制于可理解、可优化、可颠覆的算法规则。系统要是无聊的话，黑客会把它外包，或实现它的自动化；有趣的系统则离不开别出心裁的创造力。黑客们喜欢他们的小装置。因此，就算设置新的无线水壶需要花费好几个小时，也要比每天把水壶放在炉子上烧水更有趣味。同理，尝试营养奶昔代餐要比做午饭更有趣味。由于生活黑客们喜欢系统，而且所有事物都能被看作是系统，所以他们在生活的许多方面都表现出了惊人的热情和乐观。

生活黑客的风靡并不是因为人们被吞噬或被殖民了。那些黑入生活系统的人已经崭露头角。如今他们有更多的机会可以按照其共同的精神来设计自己的生活、设计我们的世界——不管结果如何。这一精神是个人主义的、理性的、实验的以及系统化的，因而格外适用于如今这个数字系统遍布各地的时代。为了更好地理解什么是黑客精神，让我们一起来看看那些和生活黑客现象的出现有密切关联的个体：那些发明了这个词，让这一实践变得流行、变得主流并成为这一生活方式楷模的人。

技术达人和作家创业者

2004 年 2 月，众多技术发烧友汇聚在圣迭戈参加"奥赖利新兴技术大会"，其中就有作家兼数字活动家丹尼·奥布赖恩。然而，比起技术本身，奥布赖恩更感兴趣的是技术专家们的习惯。他在描述生活黑客会议环节时写道，"技术达人"异常高效，他想要了解他们的秘诀。他请与会者分享"他们'运行'的小脚本、采纳的习惯、能帮助他们度过一天的黑客技巧"。鉴于他们从这些黑客技巧中受益良多，他思忖道："我们可以帮助别人效法吗？"[3]

奥布赖恩将黑客技巧定义为"用异常简单、富有新意的手段迅速攻克貌似复杂的系统的方法"。[4]这一定义合乎这一术语的起源。"黑客技巧"一词起源于 20 世纪 50 年代麻省理工学院的铁路模型技术俱乐部（Tech Model Railroad Club），更具体地说，是起源于负责火车站台下方电子系统信号和动力（signals and power，S&P）的下属委员会。正如史蒂文·利维（Steven Levy）为计算机黑客撰写的材料中提到的，"'系统'如何工作、其愈渐增加的复杂性、做出任一变动后对其他部件造成的影响，以及如何充分利用这些部件间的关系，这些让 S&P 的那些家伙们深深着迷"。[5]到1959 年，俱乐部发明了足够多的术语，干脆把它们集结成了一部字典。在这本字典中，黑客被定义为"避开标准解决方案"的人。[6]这份对理解系统和摆弄系统——往往通过一些不走寻常路的方法——的喜爱延续至今。黑客行为通常需要变通或者打破隐含的规则和预期。

生活黑客是在软件开发者和作家的那些反主流倾向中产生的，两者都属于所谓的创新阶层。这两类从业者敲下的代码/写下的文字就是对他们自己本身的评估。这样的工作需要相当的自律。身边有这么多让人分心的数码产品时，是很难集中注意力敲代码或者写文章的。2004 年，随着网络经济的复苏和纸质出版物的式微，软件开发人员及作家的工作越来越独立于大公司和报纸杂志。几乎每个应用软件的开发者都必须承担起创业者的责任。相应的，作家也必须越来越多地承担被《经济学人》（The Economist）称为"作家创业者"（authorpreneur）的角色：他们必须做自己的出版商、在畅销书榜单上打榜、进行巡回演讲。[7]眼下，他们还必须写博客、录制播客节目。

科里·多克托罗（Cory Doctorow）也出席了奥布赖恩的生活黑客会议，他就很符合作家创业者的定义。和奥布赖恩一样，多克托罗为电子前哨基金会（Electronic Frontier Foundation）工作，这是一个总部位于旧金山、不以营利为目的的公民自由组织。他还一直在为著名博客"波音波音"（Boing Boing）供稿。另外，他也是一名成功的科幻小说家，经常在"创作共同许可证"（Creative

Commons Licenses）*下发布文章，这样读者就可以自由地阅读和复制他的作品。借用技术出版商兼会议召集人蒂姆·奥赖利（Tim O'Reilly）的话来说，多克托罗让人们可以免费获得他的书是"因为问题不在于盗版，而在于（我的作品）鲜为人知……免费的电子书则可以带动纸质书的销售"。多克托罗甚至将这一逻辑用在了他 2003 年的处女作小说《在魔法王国中潦倒》（*Down and Out in the Magic Kingdom*）里。[8] 书中主人公生活在一个可以免费获得生活必需品的世界里。这个世界的显著特性在于，人们使用一种叫作"哇费"（whuffie）的货币，它能实时衡量每个人的社会声誉，并通过一种大脑植入物进行追踪和访问。在这样的世界中，地位的相对高低——比如谁能在拥挤的餐馆里先入座——全靠哇费决定，而且所有人都能立刻看到。

　　多克托罗是作家创业者的典范。他借由在"波音波音"上写博客、进行小说创作，搭建起了自己在旧金山湾区的人脉——多克托罗其实出生在加拿大，并且最终离开了旧金山前往伦敦，后来又去了洛杉矶，获得了大量的关注。他也是生活黑客的早期推广者之一。多克托罗是 2004 年新兴技术大会委员会的成员，他在网上发布了其关于生活黑客会议环节的笔记。几个月后的 6 月，当奥布赖恩和多克托罗在伦敦参加另一场会议的时候，他再度记

---

* 通行的版权协议是一种限制性协议，只有明文许可能做的事才能做，否则就是侵权行为。当作者为自己的作品选择创作共同许可证这种开放式的协议时，除了明文禁止的事，使用者可以任意使用这一作品。

录了有关生活黑客的讨论，并发布在了博客"波音波音"上。多克托罗将生活黑客介绍给了"波音波音"的读者——包括我自己在内，他也会很乐意将他的"哇费"借给专门讨论这一主题的早期博客们。

"43 文件夹"和《搞定》

2004 年 9 月，"独立作家、演讲人和主持人"默林·曼推出了博客"43 文件夹"。在此之前，曼曾经做过网页开发、项目经理、服务员、法庭证物设计师，以及"空有热情但不赚钱的独立摇滚音乐人"等。在过去的 10 年里，曼的大部分工作是"在旧金山西部那 1/3 区域里，在一台苹果笔记本电脑前"完成的。[9]曼的折中主义、他对苹果产品的喜爱和他对湾区的亲切感在早期的生活黑客中非常普遍。

"43 文件夹"这个名字来自一种在纸面上提醒你完成任务的方法，它用到了 12 个月文件夹和 31 天文件夹（12 加 31 等于 43）。戴维·艾伦（David Allen）在出版于 2001 年的《搞定》一书（许多生活黑客的灵感源泉）中提到了这种无需使用电脑的，管理任务的老派方法。多克托罗参加了在圣迭戈举办的生活黑客会议（关于这一议题的第一次讨论）。从多克托罗会后的纪要可以看到，他将《搞定》列为生活黑客们的最佳读物。曼一看到多克托罗的记录就表示："我就知道我和我的同行们意见一致。那时我已经兴致勃勃地用了几个月的 GTD*，马上发现了许多共同点。"[10]

艾伦在书中提出了一种系统，在这个系统中，你头脑里待完成的任务会被分配优先级、获得迅速处理（完成或丢弃），或者得到计划和实质性的执行。使用者的压力便可以通过算法获得缓解。

如果说 2004 年奥布赖恩创造的新词把生活黑客的浪潮推到了巅峰，艾伦 2001 年的这本书则可以说是起到了激励性的作用。这本书在奥布赖恩的第一次生活黑客会议环节中被讨论和推荐。它也为曼带来了灵感，让他将网站起名为"43 文件夹"，网站上许多内容的灵感同样源于这本书。尽管艾伦从未提到过黑客技巧，但他讨论过不少窍门："我认识的效能最高的那些人是在生活中配置了最好的窍门的人。"人跟电脑一样，有输入，也需要配置窍门。GTD 就是一个处理"你在生活中接收到的所有'输入'信息"的系统，这样你的大脑就不用再去操心这些信息。艾伦之后还评论，说极客之所以在早期就采纳了他的观点，是因为他们"热爱GTD 所代表的那种逻辑清晰的封闭系统"。[11]曼对此表示同意，他认为 GTD 对"极客友好"的理由有 8 个，其中之一是"极客热爱对他们世界里的东西进行评估、分类和定义"；生活黑客确实只是"GTD 的一个超集"。[12]

---

*《搞定》的英文书名 Getting Things Done 的首字母缩写。

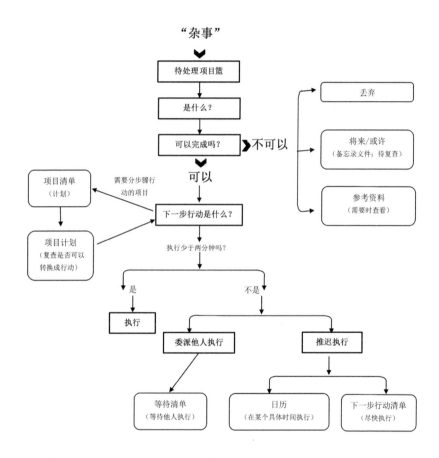

图 1-1

戴维·艾伦的工作流程图

Getting Things Done: The Art of Stress- Free Productivity (New York: Penguin, 2001), 32.

在"43 文件夹"网站上，曼早期最受欢迎的一些帖子包括《开始"搞定"》《向你介绍一款效率管理工具》（Hipster PDA，它的制作材料仅包含索引卡和一个长尾夹）* 以及《黑掉写作者的文思枯竭》。曼在 2008 年写道："在很大程度上，是科里·多克托罗无比慷慨的链接和鼓励让我微不足道的小网站步入了正轨……我将向科里致以最深的感谢，他贡献了很多他的哇费，几乎单枪匹马地把'43 文件夹'捧红了。"[13]

次年，曼联手奥布赖恩在新兴的生活黑客领域开创事业。他们共同主持了 2005 年新兴技术大会上的生活黑客环节，并合作撰写了奥赖利的新杂志《制作》（*Make*）中的一个生活黑客专栏。他们还计划为奥赖利的"黑客技巧"系列丛书写一本有关生活黑客的书（奥赖利的出版物和大会是早期计算机黑客的重要聚集空间，对年轻的制作者和生活黑客社区都很支持）。

讽刺的是，奥布赖恩和曼连一本关于生活黑客的书也没完成。

奥布赖恩后期将注意力转移到了数字行动主义之上。回顾他早年的生活黑客尝试时，奥布赖恩总是带着点温和的失望。他在 2010 年的一次访谈中承认，他可以被看作是"生活黑客缺席的父亲"，因为"我对系统中毒至深……我把所有系统都试了一遍，但没有一个行得通"。他也意识到了没有写成书的讽刺：他在电子前哨基金会的个人简介里写着，"从第一次有人请他写一本有关克服

---

* Hipster PDA 是曼发明的效率管理工具，PDA 代表的不是"个人数字助理"（personal digital assistant），而是"顶叶排出助手"（parietal disgorgement aid），指的是与接收和关联感觉信息相关的脑叶。在其他效率管理工具变得越来越繁琐的时候，Hipster PDA 的简洁、复古、特立独行让它很快流行了起来。

拖延症的书算起，已经过去了将近 10 年"。[14]

　　推出"43 文件夹"4 年后，曼表达了他对各种生活黑客博客流于表面和将追求"工作效率"作为个人迷恋或是爱好的不满。[15]次年，曼宣布他拿到了一份以"空收件箱"——他提出的坚决不断清空收件箱的理念——为主题的写作合同。然而，他对在"43 文件夹"发帖的热情开始逐渐退却，这本书自然也没有出版。2011 年4 月，他在一篇冗长而不着边际的文章中坦承："我的图书代理商说我的编辑（一个了不起的人）很可能会取消我的出版合同，如果我不发给她一点能让她满意的东西的话，期限是……今天，现在，截至今晚。理论上，我想……嗯……这……"显然，"这"并未让她满意，而他在"43 文件夹"上的最后一帖发布于 2011 年10 月。跟奥布赖恩一样，曼用苦恼来形容他同生活黑客的关系："我在做这些并不是因为我很棒。相反，我在做这些，是因为我很糟糕。有时候我感觉自己像是布道坛上的酒鬼。如果我不站到布道坛上，不去说点什么、不去分享一些在我身上奏效的事情，我可能就会重新拿起酒瓶。"[16]如今，曼依然是个活跃在许多创意行业的多面手。他仍在写作，虽然在"43 文件夹"上的帖子已经停更了。他还常常提供和工作效率相关的咨询服务。另外，他还投入了许多时间为一些极客播客撰稿。

　　生活黑客的衣钵需要有其他人接过。

"生活黑客"和理性风格

　　第一本有关生活黑客技巧的书将由吉娜·特拉帕尼来完成。

她也曾经住在加利福尼亚，虽然她现在纽约布鲁克林生活。特拉帕尼将自己描述为"（软件）开发，创始人和作家"——很符合作家创业者的定义。她在 2005 年 1 月推出了"生活黑客"网站。

据特拉帕尼回忆，她在 2004 年年尾就有了做网站的主意，效仿"丹尼·奥布赖恩那年早些时候想出来的东西"。她也看到了多克托罗在"波音波音"上的笔记。所以，"如果没有丹尼和多克托罗，就永远不会有'生活黑客'。我欠这两个人许多声谢谢，我的写作生涯完全是从他们提出的这个概念起步的"。[17]"生活黑客"网站很快就成为最受欢迎、最成功的生活小窍门来源。它早期的帖子要比"43 文件夹"来得更丰富，包括《洗碗机小窍门》《催眠歌曲》和《Windows 键盘快捷键》——偏爱苹果电脑的曼肯定不会碰这样的主题。随后，以博客上的素材为基础，特拉帕尼在 2006 年、2008 年和 2011 年相继推出了三本书。

"生活黑客"和"43 文件夹"一样，在其初期对 GTD 有过很多讨论，特拉帕尼很喜欢艾伦所说的"窍门"。她的第一本书叫作《生活黑客：88 个让一天更有成效的技术窍门》（*Lifehacker: 88 Tech Tricks to Turbocharge Your Day*）。她在最后一本书的开头还引用了艾伦致敬那些"在生活中配置了最好的窍门的人"的话。[18] 2009 年，特拉帕尼将网站的主笔之位交给了她的合作伙伴，再度回到她的创业生活，重新写起了代码而不是文章。

特拉帕尼之所以会被生活黑客吸引，是因为她"用一种非常系统化的方式看待生活"。计算机程序让事情变得自动化，而对于生活黑客，她这样评论道："差不多就是为你执行任务的方式重新编写了程序，让它变得更快一点，更有效率一点。"一旦你找到了可以实现优化的常用程式，唯一合乎逻辑的做法就是将其分享给别人，让别人也"能从中受益，体验这一被人验证过的系统"。这种面向系统的思维方式是生活黑客精神的内核，正如特拉帕尼所阐述的："具有技术化思维方式的人注重于理解世界，让一切成体系、有条理。"[19]这一主张也得到了一些实证的支持。

心理学家用认知风格来描述人们接收和处理信息的方式。这是一项稳定的个人特质，在思维模式和行为模式中均有表现。人们经常讨论的有两种认知风格：**系统型**（理性／分析）和**直觉型**（联想／经验）。[20]直觉型思维方式倾向于一种整体视角，依赖直觉、感觉和情境的整合。系统型思维方式更倾向寻找模式、使用规则。

那些喜欢玩数独的人，他们部分的乐趣源于识别智力游戏的内部逻辑和模式。一些模式被赋予了方便记忆的名字，例如"标准鱼""远程数对""可规避矩形"。然而对于新手来说，游戏的模式并没有得到命名：它们只是试图浮上意识表面的难以捉摸的东西。一项研究发现，在数独新玩家中，具有系统型认知风格的玩家会随着经验的累积越玩越好，但他们的直觉型同伴就做不到如此。另外还有两项研究发现了系统型／理性型的认知风格和计算机学生以及黑客之间的关联。[21]

这一思维方式甚至还在生活黑客中受到了推崇。我在了解有关工作效率和营养的黑客技巧的过程中关注了"少错一点"（LessWrong）论坛上的讨论，这是一个致力于"完善人类理性艺术"的网络社区。我还在那里知道了"理性应用中心"（Center for

Applied Rationality）的存在，这个位于旧金山湾区的非盈利组织开设有关认知偏差的工作坊，让我们可以为人类思维的"问题打补丁"。（"打补丁"是计算机术语，意为修复出故障的软件。）甚至还有这方面的书——《指导生活的算法：运用计算机科学进行人类决策》（*Algorithms to Live By: The Computer Science of Human Decisions*），建议人们用计算机科学家们思考和解决难题的方式来处理个人问题和社会问题。[22]

怀疑这种系统型风格与性别或自闭症有关并非全无道理。在刊登在 1993 年《连线》（*Wired*）杂志上的一篇文章中，史蒂夫·西尔贝曼（Steve Silberman）将自闭症描绘成了"极客综合征"。鉴于自闭症有一定的遗传性，西尔贝曼发出了这样的疑问，极客群体聚集在诸如硅谷之类的地方，是否意味着他们的聪明基因可能会在他们的后代身上变弱。随后，又有一名具有争议的研究人员断言自闭症是男性超系统化大脑的表现。[23]

极客综合征的假说在研究人员和公众间均存在争议，它和有关性别差异与本质主义、认知差异与缺陷以及身份与文化的问题的讨论交织在一起。2016 年，西尔贝曼在《神经部落：自闭症的遗产和神经多样性的未来》（*NeuroTribes: The Legacy of Autism and the Future of Neurodiversity*）一书中再度回到了这个主题。[24]西尔贝曼描绘了自闭症诊断和治疗的历史，自闭症和早期极客文化的联系、自闭症在大众视野中的出现以及父母倡权和自闭症患者倡权的兴起。西尔贝曼《连线》杂志的文章和《神经部落》之间相隔了 23 年，在这 23 年间，他意识到极客综合征比他一开始认为的要更加复杂。

　　之后我会继续探讨自助文化往往被性别化的主题，但目前，系统型的思维方式对生活黑客——尤其是对那位让生活黑客流行起来的女士——的重要性已经很清楚了。对特拉帕尼来说，生活黑客技巧是一种"搞定生活中某项任务的系统化方法，无论是计算机中的任务……还是像叠袜子这样的任务"。[25]

《每周工作 4 小时》和生活方式设计

　　虽说每月拥有一百多万读者的"生活黑客"网站仍然首屈一指，但还存在许多其他的生活黑客类网站。内容聚合网站"顶尖"（*AllTop*）上罗列了大约 80 个生活黑客类网站的最新文章，其中包括博客"禅意习惯"（*Zen Habits*）、"生活优化器"（*Life Optimizer*）和"整理者"（*Unclutterer*）。这些站点大部分由个人经营，且不是其创始人唯一的职业。讽刺的是，将生活黑客作为职业、并将之带入主流的那个人却不太使用这个词。

　　蒂姆·费里斯是好几本《纽约时报》（*New York Times*）评选的畅销书的作者，也是投资人［他投资了优步（Uber）、脸书和推特（Twitter）之类的公司］和一个顶尖博客和播客的创始人，他还经常登上创新者和有影响力人士的年度榜单。比起说自己集作者和创业者于一体，他更喜欢罗列别人对他的描述。例如，他的"关于"页面上这样写道："《新闻周刊》（*Newsweek*）称他为'世上最棒的小白鼠'，而他将之视为褒奖。"[26] 我没能在《新闻周刊》上找到这样的描述，不过确实有一篇《新闻周刊》的书评说"费里斯的小白鼠精神让他获得了一些极其有趣的成果"。[27] 类似的，费里斯还经常说是《纽约时报》将他描述为著名商人杰克·韦尔奇（Jack Welch）和佛教僧侣的综合体。然而，这一评语似乎是来自 2011 年的一份人物介绍，文章中说费里斯"把自己定位在杰克·韦尔奇和佛教僧侣之间"。[28] 除了身为作者、实验者和创业者，他还非常擅长自我推销。

费里斯的处女作《每周工作 4 小时》让他一举成名。费里斯这本书的目标受众是那些已经对找到梦想中的工作不再抱有幻想或者打算勉强对付到退休的人。费里斯坚称，只要活得足够聪明，他的读者们现在就能开始享受生活。标题中提到的 4 小时工作制是为了"摆脱朝九晚五，四处生活，晋升新富""获得空闲和自动化收入"，而这些可以通过少做苦工，最大化效能实现。

获得更多空闲时间的其中一个方法是以个人的形式把工作外包。如果公司可以外包业务，我们自己为什么不行？费里斯写道："单凭更聪明地工作并不能让你成为新富的一员，你要打造一个取代你的系统。"[29] 这样的系统包括成立由他人代理经营的企业、将任务外包给"虚拟助理"。在菲律宾和印度，只需支付少至几美元的时薪就能雇佣到这样的虚拟助理。费里斯谈到外包的大部分文字都和 A. J. 雅各布斯（A. J. Jacobs）在《时尚先生》（Esquire）上谈论这一话题的文章如出一辙，这倒是再合适不过——费里斯"外包"了他以外包为主题的写作任务。这在他的书中并不少见，他的书都是由他的个人经历、推荐、资源列举、访谈和对别人的摘抄拼贴而成。

在把苦差事委托给别人后，费里斯又教他的读者如何有效地执行他们真正想做的事。"4 小时法"包括将一项活动**分解**成多个关键步骤，**选择**重要步骤，以最佳顺序为这些步骤**排序**，设置**赌注**以提高责任感和动力。例如，在《每周工作 4 小时》中，他声称用这个方法赢得了 1999 年美国散打锦标赛的冠军。称重前，他通过脱水在 18 小时内减掉了 12.7 公斤的体重，于是他得以进入更轻量级的组别。此外他还利用了一个技术细节：出界 3 次的参赛者会被取消资格。补充水分后，他利用他的体重优势把那些比他轻 3 个重量级的"可怜的小个子们"逼出了场外。他写到他用技术攻势赢得了他参加的所有比赛——虽然这种利用规则的"歪脑筋"让裁判很是恼怒。费里斯下定决心要成为冠军，他对锦标赛（尤其是取消资格的规则）进行了分解，选择脱水减重和补水增重的步骤并进行了排序。费里斯在他所有的工作中都应用了这一方法，包括他 2015 年的电视真人秀《蒂姆·费里斯的实验》（*Tim Ferriss Experiment*）。在这部真人秀中，他试图快速掌握吉他弹奏、吸引异性、赛车、柔术、跑酷和扑克牌游戏的窍门。

正如之前说过的，要成为一名成功的作家创业者，就必须为自己谋利。费里斯在这方面的表现堪称出色。当《连线》杂志请读者投票选出 2008 年的自我推销第一人时，费里斯的崇拜者让他赢得了"压倒性"的胜利。在《纽约客》上刊登的对费里斯的介绍中，一位专业公关人员将他誉为"我所认识的最聪明的自我推销者"。[30] 在几年后的一个访谈中，费里斯对这一描述表达了异议——他认为他的朋友魔术师戴维·布莱恩（David Blaine）比他更胜一筹，但他还是将之视为对自己的赞美之词。

费里斯为他的处女作选定书名和封面设计的小故事可以很好地说明他的自我推销术有多精明。费里斯有 6 个待选书名，他为每一个都创建了一个谷歌关键词广告（Ad Words），其中包括《宽带和白色沙滩》（*Broadband and White Sand*）和《百变富豪》（*Millionaire Chameleon*）。然后他投标了一些相关的搜索，于是人们在搜索"401k"或者"语言学习"时就会看到他的其中一个书名。一周后，在花费不到 200 美元的情况下，谷歌告诉他《每周工作 4 小时》是用户点击最多的书名。他还用了没什么技术含量的方法：印刷一些护封，把它们套在了附近一家书店非虚构类新书书架的新书上。然后他就坐在附近观察哪个护封吸引到的注意最多。这个小故事展现了他的勇气，而且人们的一再转述——多克托罗在"波音波音"上也提到过这个故事——成了其特有的推销方式。

费里斯展现出了一位美国自助导师的投机、自立和决绝，即便他将之称为"生活方式设计"。例如，他说他的健脑和效能改善保健品生意曾经让他精神崩溃，而《每周工作 4 小时》便是肇始于此，是绝望催生了灵感。然而，他的"每周工作 4 小时"选题曾遭到过许多出版商的拒绝，但他坚持了下来，并出版了 3 本以"4 小时"为名的畅销书。不过"4 小时"系列的第三本《每周下厨 4 小时》（*The 4-Hour Chef*）让人深感失望。巴诺书店（Barnes & Noble）* 以亚马逊出版了该书为由，拒绝对这本书进行销售。但

---

* 美国最大的零售连锁书店。

这次失败又为他的下一次成功奠定了基础：他稍做歇息，随后整装待发，向播客进军。如今比起他的畅销书，费里斯的播客影响着更多人。他将美国人对自力更生的奋斗故事的喜爱利用到了极致，而且他自己的故事还远远没有讲完。费里斯还喜欢从别人那里收集这样的故事。他最喜欢问成功人士的问题是："你是怎样从失败走向后来的成功的？"

　　费里斯身上体现了一种美国式的自助精神，尤其是对成功的追求。然而，他和本章中提到的其他生活黑客有所不同。他不是计算机极客，并且欣然承认他缺乏技术才能。这促成了他在主流世界中的成功。之后我们会看到，在讨论用黑客技巧约会的时候，他解决问题的方法并不是编程，而是外包。别人在开发能与约会网站"Ok 丘比特"（OkCupid）博弈的软件，或者建立电子表格计算恋爱的可能性，而他仅仅只是把选择约会对象和安排约会的任务委派给了一些海外团队。费里斯和本书中提到的所有人一样痴迷于实验和系统，并且他还能引起非技术听众对这些话题的兴趣。

"生活流浪者"和"超人"

　　2013 年 9 月，泰南（Tynan），一个只使用名字不使用姓氏的极客小名人，这样宣布道："我和我的朋友买了一座岛。"他认为购买小岛的吸引力在于"一座岛就像是属于你自己的小国家，其境内的一切都掌握在你手中"。但不幸的是，"便宜的岛都在交通不便的偏远地带，近一点的岛全都贵得要命"。因此，这个想法一直流于幻想，直到一个朋友发给了他一个位于加拿大东部的岛屿的报价。事实上，许多这样的岛屿"既便宜又近"。泰南的帖子发布不久之后，八卦博客"高客"（*Gawker*）上的一则报道称他把"所有鼓吹自由的极客最钟爱的幻想之一"变成了现实。"黑客新闻"（Hack News）——一家主要谈论技术和创业内容的网站——和红迪网（Reddit）*也对这则消息进行了讨论。后者还有个论坛，专门讨论如何建立属于红迪网自己的可以自给自足的岛屿。"高客"那篇文章的作者总结道："既然泰南和他的伙伴做成了'红迪网'没有做成的事——建岛，说他们已正式成为'技术极客之王'也无可厚非。"[31]

我觉得还不至于给泰南贴上"技术极客之王"的标签，但他确实是技术黑客的典范。我在本书中所谈到的每一个领域里几乎都有泰南的身影。这么说有点冒失，毕竟那么多生活黑客都非常忠实于他们身上的标签：技术达人、快乐旅人、追求另辟蹊径成为人生赢家的人。不过一个简短的人物简介就能证实我的说法。

和许多生活黑客一样，泰南没有把上学太当一回事。他对高中的学习有点意兴阑珊，而且这种态度一直延续到了大学。他在2000年上大二的时候退了学，开始追寻一条通往财富、友情和爱情的与众不同的道路。他开始从事赌博业，还加入了用系统化的方法引诱异性的年轻人的行列。

泰南的赌博生意是和网络上的同伙一起利用赌场的漏洞赚钱。有时候赌场会进行小幅度的促销让赌客尝点甜头，像是老虎机上的1%常客忠诚计划。泰南和他的同伙会集中资源，大规模地谋

---

* 娱乐、社交及新闻网站，是美国第五大网站。

取尽可能多的利润。在这桩生意的鼎盛时期，他租了一间办公室，雇了一些员工，记账，还缴税。他每周只需工作 10—20 个小时，钱很好赚。作为一个二十多岁的年轻人，他有一栋漂亮的房子、一块劳力士以及一辆奔驰 S600。

2006 年，他们的诡计被发现，资金也被没收，于是这一切都走向了尽头。即使这些操作合法，赌场和银行也不会喜欢玩弄账目和金钱的赌徒。泰南损失了几十万美元，但他却很从容地接受了这一结果。尽管这门生意获利丰厚，但他认为自己已经失去了继续做这件事的乐趣。他虽然喜欢钱，但不会跟在钱的屁股后面跑。相反，泰南希望能把精力放到其他目标上，他要"彻底采用多相睡眠"（即一天里进行多次小睡），为他瘦削的身材增肌 6.8 公斤，成为著名说唱歌手，"找到一个令人不可思议的姑娘，和她约会，或者和若干出色的姑娘约会"。[32]

作为"好莱坞计划"（Project Hollywood）的成员之一，让泰南出名的主要是他后期提出的约会出色女性的目标。尼尔·施特劳斯（Neil Strauss）在他 2005 年的畅销书《把妹达人》中描绘了这群住在迪安·马丁（Dean Martin）*前豪宅里的搭讪艺术家。[33]（施特劳斯也是费里斯的朋友，经常出现在后者的播客和电视节目中。）这本有关男性的沾沾自喜和放荡不羁的书满纸都是戏剧化的情节，泰南在书中被化名为"草药"（Herbal）——他的"说唱艺名"，其前身是"冰茶"（Ice Tea），这倒也符合他对茶的迷恋。

---

* 迪安·马丁（1917 年—1995 年）：美国歌手、演员、笑星和电影制片人。

"好莱坞计划"失败后，泰南转移了生活的重心，他开始追求尽可能不带累赘地生活、环游世界，以所有这些为内容进行写作。为了成为一名"生活流浪者"（*Life Nomadic*）——他在亚马逊自助出版的其中一本书的标题——他卖了房子和奔驰汽车。在旧金山，一辆房车成了他度过大部分成年生活的"大本营"——也是他另一本书《最小的豪宅》（*The Tiniest Mansion*）的主题。[34] 当他需要独处的时候，他便搭上不贵的游轮旅行避世。淡季的往返票很便宜，船上的食物和设施又全都免费。泰南可以在那里专注地工作：撰写自助出版的自助类图书、搭建博客平台，他最近还在开发"游轮情报"（Cruise Sheet）——一个帮助人们找到便宜的游轮旅行的网站。另外，他偶尔还会打打扑克，毕竟游轮上有的是牌技差，但有钱输的牌友。

虽然他很珍惜独处的时光，人际关系却是泰南许多计划的重要主题——无论是赌博还是购买岛屿，他的《超人社交技巧》（*Superman Social Skills*）的其中一个主题便是交朋友。[35] 泰南觉得没什么积蓄、频繁旅行、专注工作及广交世界各地的朋友的生活方式远比坐在办公室里的工作合他心意。他在房车生活的那段时间里这样写道："我宁愿，我是说，仔细想想，我想我差不多是个无家可归的人，我住在（停在加油站的）房车里，但我宁愿做一个真实的流浪汉，也不想做一份年入几十万美元的咨询工作，或者其他差不多糟糕的事情。"这种生活方式意味着他几乎没有什么义务："你是自由的，真的可以想做什么就做什么。"[36]

泰南生活的方方面面都透露着黑客精神。他有热情："如果有什么看上去好得不真实的事，那就抛弃其他一切去一探究竟。"[37]
他也使用系统，无论是赚钱、搭讪女性还是让他的家变得自动化。
在他现代化程度首屈一指的拉斯维加斯大本营，泰南的智能手机
会叫他起床，窗帘会自动打开，接着，在他刷牙的时候，嵌在镜
子里的 40 寸液晶显示屏上会显示他一整天的日程。他的家有自动
安保，会自动吸尘、自动制热和制冷。他的许多书的书名里都有
"超人"一词，因为据他说："你只需要设置许多简单的系统，就
能达到看上去和超人一样的效果。"[38] 设置这些系统需要花费一些
精力，但一旦设置完成，它们就能让你省时、省钱并省心。娴熟
掌握这些系统，意味着泰南活出了某种男性的幻想：一个充满着
"出色的姑娘"、回报丰厚的工作和环球旅行的幻想。

　　泰南堪称是生活黑客的典范，远甚于任何人，虽然书里写
到的其他人与生活黑客的开端更有关联。奥布赖恩发明了这个词
汇，曼和多克托罗使之普及，特拉帕尼使之商业化，而费里斯则
将之变得主流。这些生活黑客和其他成千上万的生活黑客都具有
一种个人主义、理性、系统化和实验性的精神。自助的这种影响
力看上去可能像是"胶状怪物"身上的毒瘤，但它其实是一种在
数字时代中茁壮起来的人格类型的体现。不过，这并不意味着生
活因此就变得更加容易，也不意味着黑客技巧总是能够奏效。毕
竟，虽说奥布赖恩支持用黑客技巧提高工作效率，但他关于拖延
症的书却迟迟没有动笔。

时间黑客

　　2016 年春天，电台节目兼播客"魔鬼经济学"（Freakonomics）与特别来宾蒂姆·费里斯——一个一辈子都在提升自我的人——一起迎来了节目（举办的）自我提升主题月的尾声。抛给费里斯的最后一个问题非常值得推敲：如果你有一台时光机器，你想去哪个时代，为什么？被告知他不一定非要去刺杀一位历史上的暴君后，费里斯说他想和本杰明·富兰克林一块儿喝几杯。费里斯很欣赏富兰克林的热情和对许多不同领域的贡献，他"有喜欢恶作剧的欢乐的一面，也有爱出风头的一面"。[1]

　　富兰克林和费里斯确实有许多共同点。他们都产出了一些和自助有关的内容：富兰克林有他的《穷理查年鉴》，费里斯有他的书、播客和博客。费里斯甚至把他讲效能、健身和学习的书和富兰克林所说的 3 个可取品质——"健康、富有和智慧"——关联了起来。[2]有人将富兰克林视为第一位讲究科学的美国人，他热衷于探索他周围的世界。不仅如此，他还将自己视为小白鼠，拿自己的身体和能力做实验。这两个人都以看重工作效率和时间著称。富兰克林会提前安排好一天中的每一个小时——毕竟"时间就是金钱"，费里斯则将苦差事压缩到每周 4 小时。

富兰克林和费里斯同样广受批评。两个人都因爱出风头而遭诟病。在巴黎，富兰克林的魅力为他招来了英国大使的攻击和他的美国同事约翰·亚当斯（John Adams）*的轻视。即便英国人（当时）正在进行政治宣传，而亚当斯是个好嫉妒的道学先生，他们的抱怨也并非空穴来风。费里斯的好出风头同样惹人非议。一位创业者写了一篇题为《恨了蒂姆·费里斯这么多年后，我学到了五大时间管理技巧》的帖子，他在帖子中用急进、群发垃圾信息和让人产生敌意来形容费里斯早期为提升自我所做的努力。[3]

还有评论家指摘富兰克林的性格和费里斯的工作效率。由于富兰克林的格言让年轻人们受了不少罪，马克·吐温（Mark Twain）——坏脾气的汤姆·索亚（Tom Sawyer）的塑造者——对其大表不满。为了报复，马克·吐温自己也创造了一句格言，还不正经地把它算到富兰克林名下，以混淆视听："千万不要把拖到后天也可以完成的事只拖到明天去做。"相应的，一位评论家提出疑问，费里斯关于"成就的观念"是否仅仅是"可笑又可悲的自我欺骗的幌子，以及对生活本身的逃避"？[4]最本质的是，学者们在富兰克林的职业道德和费里斯将工作时间压缩到每周4小时的才能中看到了特权的影子。富兰克林非常多产，但他几乎没有想过，是妻子德博拉·里德（Deborah Read）的付出才让他有可能过上如此多产的生活。他也可以将许多苦差事派给他的私人奴仆——在他还没变成主张废奴者的时候。相应的，费里斯在4小时

---

* 约翰·亚当斯（1735年—1826年）：美国第一任副总统，后接替乔治·华盛顿（George Washington）成为美国第二任总统。

的工作周里完成了许多任务，但这只是把苦力活外包给虚拟助手的结果。

在人们长达数个世纪的追求自我提升的过程中，富兰克林和费里斯位处这一进程的两端。他们是典型的美国男性。富兰克林是殖民时代美国人的代表，而费里斯是硅谷时代的代表。生活黑客表面上对时间十分痴迷，但在他们力图妥善利用自己的时间的时候，有什么是被他们视为理所当然的呢？富兰克林和费里斯为思考这样的问题提供了一个出发点。

节约时间

历史学家 E. P. 汤普森（E. P. Thompson）认为欧洲历史可以按两种工作取向划分：任务取向和时间取向。关于任务取向：人们在一天中不同的时段处理一系列周而复始的琐事。农民在早晨将羊放到牧场、挤牛奶，鸡在一天结束的时候重返鸡舍。时间不是用来消磨或者节约的，"工作"和"生活"之间几乎没有差别。

随着工业的兴起，时间取向也应运而生：工作被划分为若干个阶段，成了一个更复杂的过程的一部分。工作依赖于工人的同步劳动，时钟让分散式市场的协调工作——从织布到将布运上下午出发的火车——变得可能。汤普森评论说，协调工作的需要很快就演变成了"节约时间"的观念："清教主义在其和工业资本主义的利益联姻中，让人们皈依于一种新的时间观。这种时间观甚至从孩子的幼年时期就潜移默化地影响他们，要让每一个闪耀的时刻精益求精，还让人满脑子都是时间就是金钱的等式。"对那些习惯争分夺秒工作的人来说，旧时的任务取向"显得浪费时间、缺乏紧迫感"。[5]

弗雷德里克·泰勒（Frederick Taylor）和弗兰克·吉尔布雷思（Frank Gilbreth）及莉莲·吉尔布雷思（Lillian Gilbreth）便是这样的人，他们是 20 世纪初"科学管理"方法的奠基人。泰勒认为，管理人员应当在专家的协助下、借助于秒表尽可能提高工人的效率。他的一桩著名"事迹"是改进工人搬运生铁的例行程序，使其产量增加了两倍——不过，历史学家对泰勒倡导方法的严谨性和他对外宣布结果的真实性有所质疑。相应的，吉尔布雷思夫妇以他们对时间和动作的研究著称。在他们的其中一段影片中——可以在视频网站 YouTube 上看到，一名使用雷明顿（Remington）打字机的打字员在一个正在运转的秒表边工作。在弗兰克·吉尔布雷思的指导下，这位打字员改进了她的打字技术，并代表她的雇主赢得了一个打字比赛的冠军。诸如此类的例子为泰勒和吉尔布雷思夫妇在管理层（以及管理层以外）的人群中赢得了关注——甚至是在他们夫妇长期不和的时候。吉尔布雷思夫妇的高效持家甚至还成了《儿女一箩筐》（*Cheaper by the Dozen*，1948 年）和《待嫁丽人》（*Belles on Their Toes*，1950 年）这两本热门书——由他们 12 个孩子中的其中两个合著——的取材来源。[6]

虽然弗兰克·吉尔布雷思教出了世界上打字最快的打字员，全键盘*的局限却让他深感挫败。尽管效率低下，人们却一直在使

---

* 也称 QWERTY 键盘，其第一行开头 6 个字母是 Q、W、E、R、T、Y，是现在普遍使用的电脑键盘布局。

用全键盘，这使得全键盘一直遭人诟病。全键盘的设计是为了防止早期机器的键盘卡住，而不是为了提高打字员的舒适度和速度，于是吉尔布雷思提出了一个改进版的键盘布局。他的建议最终催生出了奥古斯特·德沃夏克（August Dvorak）在 1936 年发明的一款简化版键盘。在德沃夏克键盘上，人们可以方便地从中间行打出最常用的字母和字母序列。我所知道的这些键盘的使用者都是黑客类型的人，包括泰南和博客系统 WordPress 的创建者兼 CEO 马特·穆伦维格（Matt Mullenweg）。

现如今，很多创新阶层要比工业资本主义要求的同步劳作走得更远。人们确实还会设立里程碑和截止时间，有时候也会使用 Doodle* 这样的共享日历和日程管理服务。但即便如此，随时兼顾多项任务的重要性已经超过了在特定时间完成单项任务。记者尼基尔·萨瓦尔（Nikil Saval）——《隔间：办公室进化史》（*Cubed: A Secret History of the Workplace*）的作者——因而将生活黑客看作是泰勒主义** 的 2.0 版本。萨瓦尔承认，生活黑客"一开始是一种对注意力碎片化和过度工作问题的略有诚意的回应——是一种从需索无度的工作中夺回一点空闲时间和自主权的努力。但后来，它成了另一种盛气凌人的自我提升模式"。在生活黑客的模式里，并没有人拿着秒表监督我们，表面上我们确实是在自己帮助自己。但在这一过程中又横生出了别的枝节。我们将自己的自主权交给了"一个无脸的管理者，它可以是应用软件，可以是追踪

---

* 一款在线日历工具，可用来进行时间管理、协调会议安排。
** 弗雷德里克·泰勒创建的科学管理的理论体系，也被称为泰罗制。

饮食习惯和睡眠周期细节的自我管理图表，也可以是导师们的著作和热词"。[7]这位被内化的管理者并不是真的没有面孔。定睛一看，其实正是我们自己的面孔敦促着我们变得"更聪明、更快、更好"——这也是最近一本关于"在生活和企业中变得高效的秘诀"的书的标题。[8]也有人评论说高效的收益鲜归工人所有，但工人们的焦虑感和一种没来由的过失感却在加重。[9]

可是，人们难道不应该自由地实验可以让生活变好的方法吗？不像在呼叫中心和仓库的严苛管控之下工作的人，黑客们仍然保持着一定程度的行动自由。如果人们有做出明智决定的能力，他们无疑会发现有些事情对他们管用，有些则不。我们将会看到那些热情最终有所退却的黑客，他们意识到自己对"高效色情"*的追求其实是反高效的。我们也会看到辞去高压工作、变卖所有财产，选择只带着背包环游世界的黑客。但在那之前，自助和生活黑客是如何建议我们提高工作效率的呢？

"把需要优先处理的事排进日程"

觉得生活黑客迷恋效率和时间实在不是我们的过错：费里斯的"每周工作 4 小时"听上去就像是在讲时间管理。然而，费里斯之所以选择了这个书名，是因为它在谷歌 AdWords 上反响热烈，而不是因为这个书名最恰切地反映了书的内容。[10]在《每周工作 4 小时》中，费里斯重视**效能**——"做能让你更接近目标的事"——

---

* 默林·曼发明的词汇，指把时间花在摆弄各种任务管理工具、应用上，而忘了这些工具和应用的最终目的其实是帮助用户完成任务。

超过**效率**——"以尽量经济的方式完成特定任务（无论是否重要）"。当然，"效率仍然重要，但除非被用在了对的事上，否则效率高也没有用"。根据这种观点，"忙碌是某种形式的懒惰——懒得思考，不加选择地行动"。[11] 你可以高效率地划着船打转，但高效能的船夫不但效率高，而且知道自己的目的地所在。

对效率和效能的区分是一种深刻的见解，但并不是什么新鲜观点：自助界每过几十年就要将它重申一遍。在费里斯的书之前，最负盛名的有关高效的自助类图书当属斯蒂芬·科维（Stephen Covey）在 1989 年首次出版的《高效能人士的七个习惯》(*The Seven Habits of Highly Effective People*)。书名中提到的是效能而不是效率，而且，科维经常被引用的警句也说明了其看法："关键并不是为日程上列出的事务决定优先级，而是把需要优先处理的事排进日程。"[12] 理查德·科克（Richard Koch）在同年 * 出版了他的畅销书《80/20 法则：低投入高产出的秘密》(*The 80/20 Principle: The Secret of Achieving More with Less*)。[13] 两本书都将不分优先级地追求高效率视为高效能的近敌。高效率看上去可贵，但也可能成为恶习。

就连 1973 年的经典作品《如何掌控自己的时间和生活》(*How to Get Control of Your Time and Your Life*) 的作者艾伦·拉金（Alan Lakein）也请求道："请不要称我为效率专家，我是一名效能专家。"为什么？因为"如何运用你的时间做出正确的选择，

---

* 原文如此，但实际上《80/20 法则》出版于 1997 年。

要比高效地完成正好近在眼前的随便什么工作更重要。"[14] 他跟费里斯很像，也抨击了那些在效率的陷阱中忙忙碌碌的人。过分高效的人总是在创建、更新、遗落他们的清单；过分身体力行的人总是疲于奔命，没有时间评估价值；疯狂节约时间的人只会让自己和别人陷入焦虑。[15] 根据这一观点，高效率只是达到高效能的一种手段。

那么，我们要如何实现高效能呢？拉金建议读者认真地考虑自己的人生目标，并把它们说出来，然后再将这些目标分别放进3 个优先级组别，每天花最多的时间追求最重要的那些目标。由于我们很容易分心、很容易偏离具有高价值的工作，拉金在书中用了大量篇幅探讨"偏离正轨"后如何"重返原路"。[16] 他在附录《我的省时大法》（*How I Save Time*）中身体力行了许多这样的技巧。（效能的拥护者常常会不知不觉地用起节省时间的说法，让人有点犯迷糊。）拉金开门见山地列出了 61 条提高工作效率的技巧。有的技巧侧重于效能："第 23 条，每天一大早，我总是首先做计划，为全天的任务排好优先级。"有的则侧重于效率："第 52 条，我直接在信纸上回复大部分信件。"如果将他的清单中的"信纸"这个词替换成"邮件"，那十有八九会被认为是一张生活黑客技巧的清单，但这张清单比生活黑客这个说法的诞生超前了 30 年。还有第 47 条技巧："我将所有我能委派出去的事委派给别人去做。"这是对费里斯外包工作的一个预告。

我们讨论排优先级的重要性，可以一直追溯到世界上第一位工作效率的咨询顾问艾维·李（Ivy Lee）。据说在 1918 年，伯

利恒钢铁（Bethlehem Steel）公司的钢铁巨头查尔斯·M. 施瓦布
（Charles M. Schwab）请李来提高伯利恒主管们的工作效率。李事
前没有要求任何酬劳。他只提出要和每位主管谈 15 分钟，3 个月
后，施瓦布觉得他的建议值多少钱就付给他多少钱。李向每一位
主管解释了他的方法：在每天结束的时候，写下明天要做的最重
要的 6 件事，并排好优先级；第二天一件一件完成任务，在一天
结束的时候再次重复这一操作。3 个月期满后，施瓦布对李非常满
意，于是他给后者开了一张 2.5 万美元的支票（相当于如今的 40
万美元）。

　　之后的高效类自助方法（包括生活黑客技巧在内）都是李的
方法的一系列变体。每天：（1）识别、复查目标并为目标确定优
先级；（2）计划可以达成目标的任务；（3）推进这些任务。例如，
在《高效能人士的七个习惯》中，科维区分了重要和紧急这两个
优先级。虽然科维没有引用过艾森豪威尔（Eisenhower）*，但这位
前总统在面临问题时曾有名地打趣道："紧急的不重要，重要的又
从不紧急。"（艾森豪威尔还有另一个金句："计划毫无意义，但做
计划意味着一切。"）科维用这两个变量创造了一个矩阵，他鼓励
读者把更多的时间用在重要但不紧急的问题上（也就是"第四象
限"）。他跟拉金一样认为委派任务相当重要，科维认为，这"或
许是最强大的高杠杆行动"。[17]

　　要求具体清晰有助于将已经确定优先级的目标转变成可执行

---

* 德怀特·戴维·艾森豪威尔（Dwight David Eisenhower，1890 年—1969 年）：美国第 34 任总统。

的任务。一个经典规则是目标应当"SMART":具体(specific)、可衡量(measurable)、可分配(assignable)、具有相关性(relevant),并有明确的时间期限(time delimited)。另外,当我们将干扰减到最低,并从小目标做起的时候,任务更有可能被完成。使用筹划任务的系统也会有所帮助。生活黑客们特别热衷于他们所谓的"工作流"。正如之前提到过的,戴维·艾伦 2001 年的大部头《搞定》为生活黑客的元老们带去了不少启发。GTD 的核心就是一个处理"杂事"的系统,艾伦将"杂事"定义为"一切已经在你的心理世界或者物质世界中存在并且尚未就位的东西,但你暂时还不知道你期望什么样的结果以及下一步要如何行动"。在 GTD 中,杂事被收集、处理、整理、复盘和完成。将任务在**即将入列**、**将来**、**现在**或者**等待**等不同的篮子间移动降低了执行这一过程的难度。艾伦警告说"只要杂事仍是'杂事',它就是不可控的"。[18]

任何管理过自己的"杂事"的人都知道,将"杂事"简单记录下来并做计划确实有用。光是这一启迪就已经让高效类自助显得很有意义了,况且它或许还和"蔡格尼克记忆效应"(Zeigarnik effect)有关。"蔡格尼克记忆效应"是指大脑有这样一种倾向,它更容易记住并重新想起未完成或被打断的任务。据说是一名咖啡馆里的服务员启发了布尔马·蔡格尼克(Bluma Zeigarnik)1927 年对这一课题的研究。这位服务员牢牢地记着有客人的桌子的点单,但当桌子空了,这份记忆便随之快速地被抛诸脑后。蔡格尼克将她的这一假设带进了实验室。她发现被中途打断的测试者要比已完成任务的测试者更容易想起他们的任务。社会心理学家罗伊·鲍迈斯特（Roy Baumeister）认为 GTD 有助于减轻蔡格尼克记忆效应："未完成的任务和未达成的目标更容易在脑子里冒出来。"这可能会带来很多压力，尤其是在有许多这样的任务的时候。[19]

GTD 并不是唯一的工作流。生活黑客们常常会在生活中应用他们在工作时使用的方法。"个人看板"（Personal Kanban）的灵感便是来源于日本丰田（Toyota）汽车的实时生产系统。使用者将任务写在便利贴上，归类到三列任务中的一列。其中第一列是"待办"列，第二列是"正在进行"（WIP*）列，此列中应当只有少数几项重点项目。WIP 项目一经完成，便被转移到"完成"列。然后，经过再评估，一项待办事项将会被移到 WIP 列。[20]类似的，生活黑客们也会将软件开发的框架修改成可以应用到生活中的样子，比如同样需要经常在白板上把即时贴移来移去的 Scrum 敏捷开发方法**。

生活黑客们当然可以自由自在地按照自己的喜好对这些系统进行微调。"生活黑客"网站的创始人吉娜·特拉帕尼使用的是一个只有 3 个清单的简化版 GTD：下一步、项目和将来/或许。尽管存在许多功能强大的 GTD 应用软件，特拉帕尼只用一个简单的文本文档管理，她使用多宝箱（Dropbox）同步更新文档，并在她自己开发的一个名为"todo.txt"的应用中编辑该文档。创业者亚历

---

* "work in progress" 的缩写。
** "scrum" 为英式橄榄球术语，意为并列争球。Scrum 敏捷开发方法的提出者借用这一术语来表达团队在复杂产品开发中的重要性。

山德拉·卡武拉科斯（Alexandra Cavoulacos）发明了 1–3–5 规则，以期让事情尽量保持简单。跟其他系统一样，你先写下一个"庞杂的清单，把所有你需要做的事都列进去"，然后，你每天的目标是"完成 1 件大事，3 件不大不小的事以及 5 件小事"。在结束一天的工作时，你要"界定好第二天的 1–3–5，这样你就做好了准备，第二天早上立即可以风风火火地工作"。[21] 这很容易执行，有优先次序，并充分利用了这样一个事实：早上有一项已经确认或者未完成的小任务时，更容易为这一天的工作起个好头。

生活黑客意识到效能和效率二者不同的同时还想把它们区分开来——这并不是什么新鲜事。卡武拉科斯的"1–3–5"规则和一个世纪前艾维·李的方法其实也大同小异。真正让生活黑客区别于其他人的地方在于，他们借用了工作中管理技术项目的系统，并将这些系统应用到了生活中。他们也喜欢进行实验，无论是实验奇怪的睡眠模式还是叫人扇自己耳光。

多相睡眠

除了穿越时空与本杰明·富兰克林在过去相见，人们还幻想着能够控制时间：要是我们能让珍贵的时刻慢点流逝，或让讨人厌的时刻快点过去该多好。最迫切的问题则是，我们是不是能在白天拥有更多的时间呢？南希·克雷斯（Nancy Kress）1993 年的推想小说《西班牙乞丐》（*Beggars in Spain*）[22] 正是基于这一假设。在并非太遥远的未来，一些野心勃勃的家长给了孩子不用睡觉的遗传天赋。随着这些被遗传改造的孩子渐渐长大，差异开始在睡眠者和无眠者之间出现。普通人继续在无意识的睡眠状态下度过大把的时间，而无眠者却可以通宵达旦地学习、训练和工作。许多睡眠者认为这不公平，他们对无眠者加诸种种限制。一名滑冰运动员被禁止参加奥运会，因为她每天长达 12 小时的训练让她获得了"有失公允"的优势。憎恨和恐惧加深了双方的裂痕，经历冲突暴力之后，许多无眠者退守到了他们自己的"飞地"，一开始是在地球，之后又转移到了一个轨道空间站。《西班牙乞丐》这一书名出自无眠者之间的一场辩论。正如一名睡眠者可能会质问她对别国的乞丐有什么亏欠，无眠者——人类中最多产的一群——又对地球上的睡眠者有何亏欠呢？

我们离通过遗传改造来摆脱睡眠还相距甚远，但生活黑客试图另辟蹊径，这条蹊径就是多相睡眠。大部分人的睡眠都是一觉睡到天亮的单相睡眠；有些人则采取双相睡眠，也就是睡两觉，两觉之间有个间隔——在人造光发明之前，这似乎是自然的睡眠模式。多相睡眠完全是另一码事。它将睡眠分割成贯穿一天的多段小憩，试图以此来延长醒着的时间。费里斯在《每周健身 4 小时》(The 4-Hour Body) 一书中问道，如果长颈鹿只需要睡 1.9 个小时，人类为什么不可以？鉴于"最有益的睡眠阶段"是 1—2 小时的 REM（快速眼动），有没有办法"动点手脚"，好让我们"缩短"那不太富有成效的 6 小时左右的睡眠呢？[23] 这是能做到的。WordPress 的创建者马特·穆伦维格在每隔两个半小时进行 40 分钟小睡的状态下写出了该博客平台的大部分代码。搭讪艺术家尼尔·施特劳斯和泰南在进行"好莱坞计划"期间同样实验了多相睡眠。他们只熬过了最初 7 天——最初 10 天应该是最难熬的。在之后的尝试中，泰南按照"都市人睡眠法"每隔 2 小时小睡 15 分钟的周期，坚持了四个半月的多相睡眠，每天有 21 个小时醒着。

虽然穆伦维格和泰南还在使用他们的德沃夏克键盘，他们的睡眠管理却没能坚持下去。当穆伦维格的日程和新女友的日程怎么都对不上的时候，他把自己的实验叫停了，一起停下来的还有他生命中最多产的一年。泰南则因为他的日程搞乱了别人的日程而终止了实验，而且他不觉得他真的需要那些多出来的时间。

文化评论家乔纳森·克拉里（Jonathan Crary）指出，我们正面临着"24/7"的时间取向，这一取向对我们的需求漠不关心，"这一取向使得人类的生活日趋脆弱"。在《24/7：晚期资本主义与睡眠的终结》（*24/7: Late Capitalism and the Ends of Sleep*）一书中，克拉里为我们的睡眠时间被在线工作和消费的触角侵占而感到痛惜：当我们给同事写邮件、在亚马逊上购物的时候，电脑屏幕延迟了我们的睡眠。生活黑客关于多相睡眠的美梦试图默许这种情况的发生。然而，并没有人能将多相睡眠长久地坚持下去。即便一个单身汉也会最终发现这样的睡眠与日常生活无法兼容，错过一个小睡就会影响他的睡眠时间表、搅乱他的思考。正如克拉里总结的，"睡眠无法根除，但能被破坏和剥夺"。[24]

再说了，我们又不是长颈鹿。

"我的效率翻了两番"

2012 年，马尼什·塞西（Maneesh Sethi）终于成功走红。这位"黑入系统"（Hack the System）的博主雇人在他效率低下的时候扇自己耳光。虽然遭到诸多质疑，但这个噱头确实成了他的一个转折点。这是他为了将自己包装成一名像费里斯一样的生活方式设计创业者而不断努力的成果，也为他未来开发出一件令人震惊——确实令人震惊——的小装置的道路开了个头。塞西的故事还为我们对剥削的担忧提供了个案研究。

在 2008 年，塞西读到了费里斯的《每周工作 4 小时》，那时他还是斯坦福（Stanford）大学的一名学生。这本书让塞西大受鼓舞，书刚读完几个小时，他就买了去布宜诺斯艾利斯的票，因为，用他的原话来说，"我意识到，践行蒂姆·费里斯的理想可以让我做到我想做的事"。[25] 塞西离开了学校，创办了一家由他人代理经营的企业，环游世界，进行非同寻常的挑战，并教别人怎么和他活得一样，由此踏上了成为一名"每周工作 4 小时"大师的道路。当费里斯在 2009 年征集"现实世界的生活方式设计案例研究"，有 18 人提交了视频，展示"每周工作 4 小时"如何让他们过上了更好的生活。塞西，这位一贯的炒作者，他的视频开头是他在大象背上做俯卧撑的静态画面。这是他在轻博客网站汤博乐（Tumblr）上记录的一个项目的一部分："我去奇异的地方旅行，寻找奇异的动物，并在它们身上做俯卧撑。"[26]

塞西将自己描绘成了一名"数字流浪者"：他所拥有的一切都能装进他的背包里。他还创办了一家被费里斯称为"被动收入"的企业。费里斯认识到他可以远程管理他的保健品生意，而塞西则跟很多人一样，选择了谷歌的广告计划 AdSense。假设你有一个很棒的关于做俯卧撑的网页，AdSense 可以给你钱，让你放一个蛋白奶昔公司的广告，比如说，在你的页面上。（这跟关键字广告 AdWords 不同，AdWords 是让广告商付钱，好让他们的广告出现在谷歌从中的搜索页中。）该公司让人们看到了他们的产品，你收钱，谷歌收取一部分提成。一旦塞西将他的系统变得自动化，他每周只需要花几个小时去寻找谷歌上有广告但却没有好内容的词条。然后，他付钱找人建立含有与那些词条相关的内容的网页，并靠从外包内容得到的广告收益来生活。AdSense 是受到生活黑客偏爱的被动收入来源，而它的原型则是由那位将现实视为"系统的系统，无穷无尽的系统"的黑客保罗·布赫海特在其为谷歌工作期间开发的，这实在是再合适不过。

塞西没有在费里斯的竞赛中获胜，但在费里斯博客上的曝光让他十分振奋，他随后创建了自己的博客"黑入系统"，并发起了一场众筹，为印度农村的一所小学校配备网络贡献了 5000 美元。这项众筹的慈善事业也步了费里斯的后尘：费里斯在三十多岁时开始利用他的生日进行慈善活动。2010 年，他的朋友和粉丝为送条件困难的公立学校的学生去实地考察旅行，募集了十几万美元。

2011 年，费里斯再度举办了一次"每周工作 4 小时"的竞赛，奖励是费里斯不久后将举办的 1 万美元一张门票的"打开和服"* 研讨会的"奖学金"，该研讨会探讨的是如何开发和推广线上内容。["打开和服"是重新流行起来的 20 世纪 90 年代的技术行业行话。

---

* 打开和服意指完全开诚布公地与外人交换内部信息和数据。

不过幸好，当福布斯（Forbes）在 2014 年将其列入"最烦人的商业行话"榜单后，这个诡异的表达便被再度抛弃。] [27] 在这次提交的视频中，塞西宣称他根本无需工作；他的收入"完全是被动和外包的"："每周工作 4 小时，逊毙了，我每周工作 0 小时，而且我正在教许多人如法炮制。"他加入了两段令人尴尬的有关他指导生活方式的视频推荐。然后，他想要通过一些为期 90 天的生活方式实验来重新定义迷你退休*。"我准备明年去一座荒岛生活，一个人，身边只有一把瑞士军刀和卫星网络连接。"但现在，他正在柏林力图成为一名著名 DJ。塞西用金·卡戴珊（Kim Kardashian）的"性丑闻技术"——做惹人非议的事并快速成名——收获了让自己满意的效果。他没有学习如何做一名 DJ，没有去结识演出承办者，也没有一步一个脚印地前进，而是和一个合作伙伴一起每个月组织一次派对："这样办派对办了几周之后，我们就在柏林现场招待了蒂姆·费里斯。好几百人来参加了我们的派对，他们来自世界各地。" [28]

当然，和费里斯一样，塞西并没有真的仅仅每周工作 4（或者 0）小时，甚至还没有做到"半"退休。而且，蒂姆·费里斯的粉丝来参加塞西的派对是否就让他成为著名 DJ，这也有待商榷。塞西在四处旅行、享乐，但作为一名生活方式大师和营销大师，他也非常忙碌。塞西试图获得费里斯所获得的成功——以及自己的哥哥、《我来教你致富》（*I Will Teach You to Be Rich*）一书

---

*"迷你退休"一词来自蒂姆·费里斯的《每天工作 4 小时》，指有计划的职业生涯的停顿，在迷你退休期间，你不再从事之前的工作，而为以后重新进入职场做准备。

的作者拉米特·塞西（Ramit Sethi）[29] 的成功。他从事自助类畅销书的推广工作，其中包括费里斯的《每周下厨 4 小时》（书中也提到了塞西）和有关饮食控制以及一种适合女性的"荷尔蒙疗法"的书籍。另外让塞西声名大噪的是，2012 年，他"在克雷格列表（craigslist）网站 *上雇了一名女孩"，当他在脸书上开小差的时候"扇（他）耳光"。

> 我在寻找一名可以在指定地点（我家或者米申区的某家咖啡馆）在我身边工作的人，你能监督我在电脑屏幕前工作。我浪费时间的时候你要吼我，如果有必要的话，扇我耳光。你可以干自己的事。急需帮助，地点在米申区，靠近旧金山湾区捷运第 16 街米申街站。报酬：8 美元／小时，你可以同时在自己的电脑上做自己的事。[30]

塞西声称这个办法让他的效率翻了两番，他在博客上对他的进步进行了详细的记录。外包意志力的花费都比最低工资要低，一个功能相似的小装置难道不应该更便宜吗？

2014 年，塞西预告他会推出"巴甫洛克"（Pavlok），那是一款会发射"巴甫洛夫条件反射"式的"小震动"的手环，目的是帮助用户克服坏习惯。这个主意很受欢迎，它在众筹平台

---

* 克雷格列表是一个大型免费分类广告网站。

Indiegogo 上募集到了 283927 美元的资金（是最初目标的 5.08 倍）。人们一般会用橡皮筋弹手腕来克服讨厌的想法或习惯。拉一下橡皮筋再松开，橡皮筋会弹你，"巴甫洛克"则会对你施以电击。虽然橡皮筋几乎就是免费的，但塞西相信这个价值 200 美元的小装置物有所值。"'巴甫洛克'将感应器、朋友、GPS 结合在一起，保证你不偏离计划，并最终完成目标。"你把手抬到嘴边（针对咬指甲的人或者爱吃零食的人）的时候、光临自己最爱的快餐店的时候，或是在脸书上流连太久的时候，都有可能遭到"巴甫洛克"的电击。另外，由于在教授一门有关克服坏习惯的网络课程，塞西声称"那些试图突然停止某个习惯的人中有大约 5% 成功地戒掉了该习惯，试图使用橡皮筋戒掉习惯的人中有大约 25% 的人成功做到，而'巴甫洛克'用户中有 55%—60% 的人获得了成功"。[31]

塞西用尽一切可用的办法向费里斯的"新富"企业家们推广"巴甫洛克"——它出现在报纸、播客和博客上；这个小装置甚至还在《科尔伯特报告》（*The Colbert Report*）*中遭到了挖苦，该节目是社会热点的风向标。2016 年，塞西还在美国广播公司（ABC）的创业真人秀《创智赢家》（*Shark Tank*）中亮了相，这是一次特别宝贵的机会，但他对"巴甫洛克"的宣传没有收获太好的反响。其中一位评委称塞西为骗子，当他拒绝了对他最有好感的投资者的投资后，情况就变得更糟了。塞西被指摘只是想在那儿推广产

---

* 一档美国深夜档政治讽刺类节目。

品，好获得额外的资助，而不是做成生意。不过，对像费里斯和塞西这样的生活黑客老江湖的自私自利行为的抱怨倒也稀松平常。

我们会在下一章继续探讨激发动力的窍门，但塞西这种表面上的光鲜正好可以让我们回到在本章开头提出的关于本·富兰克林的工作效率的问题。当生活黑客们力图妥善利用自己的时间的时候，有什么是被他们视为理所当然的呢？更尖锐的问题是，生活黑客对生活技巧的寻找在何时转变成了剥削？

特权和剥削

在塞西 2012 年发布的一则名为《性丑闻技术》的帖子［关于如何"即刻达成任意目标（并和蒂姆·费里斯一起派对）"］中，他谴责了同辈们拥有的权利：如果你相信因为你上了大学、刻苦学习、获得了好成绩和一个学位，就意味着你该得到一份工作，那你就错了。跟你处境相似的人有好几百万。他问道：是什么让你与众不同？另外，国外还有人比任何一个美国大学毕业生都争得更凶、（薪酬）要得更少。

> 我来告诉你们我的一位菲律宾雇员克拉克的故事。我雇了他来帮助我养成一个习惯：每天早上 10 点，他会打电话给我，提醒我用牙线剔牙。
>
> 一天，上午 10:32 的时候，我收到了一条 Skype 信息。"抱歉尊敬的马尼什先生（克拉克总是用'尊敬的'来称呼我，虽然我让他不要这样），我的信息发晚

了，真是对不起。我们这儿遭到了飓风的袭击，整个村子都停电了！为了给你打电话，我跑了将近 13 公里到邻村！"

　　你会跑将近 13 公里来提醒我剔牙吗？我付给克拉克的酬劳是 2 美元 / 小时（但这件事之后我给了他一大笔奖金）。你要做什么来提升你自己的价值，让你的雇主愿意支付你 10—20 倍的金额呢？[32]

　　塞西的答案自然是"黑入系统"："快速达到目标的捷径不是做别人都在做的事，而是恰恰相反。"为了在柏林成为 DJ，他自己举办派对。为了提高自己的关注度，他开始做播客、采访更有名的生活黑客。

　　然而，就在塞西为"权利的谬误"斥责别人的同一篇文章中，他又提到他付钱给一个菲律宾人提醒他剔牙。人们力争高效率这一点值得肯定，就算他们做过了头，还有机会以高效能为方向重新评估其目标和优先顺序。可是，正如本杰明·富兰克林的高产有赖于遭到他忽视的妻子和奴隶的劳力，外包者也仰仗着别人的劳力。[33]"零工经济"中的劳动者——比如优步司机——会接手本地的工作，这一人群有灵活性，但收益不多，其中很多人还很快将被自动化取代。可以远程完成的工作则由海外的劳动者执行，他们或许正迫切地需要一份收入。这个时候为他们提供一份本分的工作，哪怕很卑微，也可能是种德行。费里斯曾经表示："我在印度的外包员工里，有的现在还将一部分的工作外包到了菲律宾。

这是对资本的高效使用，如果你想要得到一个自由市场的回报，如果你想要享受资本主义系统的回报，你就要按照这些规则来玩这个游戏。"[34] 但如果这个游戏带有剥削性质呢？如果这些规则不公平呢？自动化和全球化的双刃剑就在于此。

高效能、自由和灵活，这既是生活黑客们欣然接受那些系统的前提，也是那些系统给予生活黑客的承诺。将企业层面的外包策略为个人所用是一种黑客技巧，但这一技巧同时也继承了企业的道德过失。这么善解人意、乐于助人的塞西会给克拉克翘一天班的权利，在飓风后帮助他的家庭、按他自己的节奏做事，而不是用他的时间来交换 2 美元吗？还是说克拉克的家庭极度需要他的薪水，以至于他除了跑将近 13 公里去提醒塞西剔牙外别无选择？类似的，在美国，人们假定劳动者可以在稳定的工作和具有灵活性的零工间自由选择，但越来越普遍的情况是，从事后者的劳动者是那些已经位于社会边缘、没有多少选择余地的人。[35] 相应的，高效类黑客有时候似乎在为那些会被公司制度滥用的东西摇旗助威。在塞西推出据说可以纠正坏习惯的手环的 4 年后，亚马逊为一件类似的产品申请了专利，但这一产品的使用对象是取错了东西的仓库员工。值得庆幸的是，亚马逊的提案中不包括电击发射装置。然而，在那些能够为自己选择制度和那些能够将制度加诸其他人身上的人之间，存在着一种让人不安的互惠关系，哪怕这只是一个巧合。

留意一下生活黑客们的面孔，人们通常看到的是聪明、拥有高等学历的技术型白人男性。但也并不总是如此：有些人是女性，比如特拉帕尼；有些人并不是白人，比如塞西；技术型人群中，从好大学退学是其特有的"荣誉认证"。硅谷亿万富翁彼得·蒂尔（Peter Thiel）为没有去上大学或者从大学退学、"创造新事物而不是坐在课堂上"的年轻人提供了一份 10 万美元的奖学金。但评论家们无需就此走极端，把硅谷的那些"万事通"和生活黑客导师描绘为享有特权、忽视别人境况的白人男性。[36]

GTD 是一套让人能够保持高效、专注于重要的事情和减轻焦虑的系统。不过，我是多亏了海迪·沃特豪斯（Heidi Waterhouse）的"我们其他人的生活黑客技巧"的演讲，才更好地领会到了这个系统中自带的一些假设。沃特豪斯是"一名技术作者、手工制作者和在职母亲"，她提到 GTD 假设你能够掌控你的环境，别人对你的日程没有控制权——你甚至可以委派任务，也没有其他人依赖你生活，比如你不需要照顾老人和孩子。她更青睐一款名叫"玩转你的环境"（Unfuck Your Habitat, UfYH）的系统，这个系统也是高效类黑客技巧，但没有那么多自带的和性别及阶级有关的假设。UfYH 更适合那些想要在电话会议结束后或者送孩子上学前的一丁点时间里做点事情的人。[37]你可能没法在这么短的时间里把厨房打扫得一尘不染，但或许可以清理一下碗碟架，让之后洗盘子变得更方便。

对评论家来说，GTD 和高效类黑客技巧是对集体问题在个人层面的一种回应：在自我实现和创业行为的伪装下，劳动者试图利用生活在更底层的人来摆脱朝九晚五。少数幸运的人确实发达了起来，但那些还没有发达起来的人，必须要么像一颗可替换的螺丝钉一样工作，比如在电话呼叫中心，一边鹦鹉学舌般重复着自由、灵活这样的热词，一边继续奋斗。[38] 或许塞西支付的 2 美元时薪在菲律宾农村是一笔可观的薪水，并且克拉克在他自己的境况中是一名成功的创业者，但也或许不是这样，而这一问题鲜有提及。

这些针对特权和剥削的批评并没有让高效类黑客行为彻底完蛋。虽然导师们的确关注富人，比如费里斯 1 万美元一张门票的"打开和服"盛会，生活黑客的大部分忠告都能在网上和图书馆里找到，但大部分的生活黑客只是试图改善生活的普通极客。回想一下，"生活黑客"这个词是在一个分享诀窍的技术大会的与会者中诞生的。这点是很值得赞赏的，就像沃特豪斯等人试图让生活黑客技巧也能惠及"我们其他人"一样。更多样化的生活黑客会带来更好的黑客技巧。

生活黑客并没有什么固有的缺陷，只不过到目前为止，它太受限于它所产生的区域和群体——它是加州一个技术大会的产物。学者艾丽斯·马威克（Alice Marwick）对硅谷文化有着敏锐的嗅觉，她写道，费里斯和其同伴"是成功的，因为他们拥护技术圈的价值观（热情、成功、自我提升、精英制度），对这些价值观不加批评也不加质疑。他们还用独特、聪明和革新对技术圈的价值观做了一次更新换代"。换句话说，费里斯"将富裕白人男性的经验普及成了一种其他人也能使用的方法"，而他的快速致富技巧"只能在还没变得行不通之前为少数人所用。谷歌 AdWords 也不是谁都能操纵的"。[39] 类似的，塞西似乎对那些没有意愿或者没有能力像他一样"黑入系统"的人充满了不屑，但如果人人效仿他的做法，系统是会报废的。如果人人都试图在奇异动物的背上做俯卧撑，这些动物就要灭绝了。

由于黑客行为的目的是设法利用系统或打破系统，是让规则放宽，有道德的黑客应该小心地黑入系统，而不是去黑其他的系统使用者。计算机黑客在和道德问题打交道的过程中积累了丰富的经验。[40] 对于黑客技巧，我们同样应该问一问它是否普适（所有人都能用吗）、是否有益（除了对黑客个人，对其他人也有益吗）。然而，这样的思考在生活黑客中间是广泛缺失的。费里斯很有煽动性：他写了个实验两性关系外包的帖子，还起了一个这样的标题：《把你的孩子寄去斯里兰卡还是雇佣印度皮条客：终极个人外包》[41]。他也非常务实，因为外包任务应当是耗费时间和精细定义的任务。但他和塞西都没怎么谈如何在外包的同时不对别人造成剥削。简而言之，享有特权的极客也和其他人一样有权进行自助、有权变得快乐，可是他们对别人会有什么亏欠吗？

西班牙乞丐

在南希·克雷斯构想的世界中，无眠者问他们对睡眠者有何亏欠，被称为"谷贝主义"（Yagaiism）的哲学思想塑造了这个世界中的大部分言论。书中人物谷贝宪三（Kenzo Yagai）发明了一种价格低廉的冷聚变发电机，他相信一个人的价值由其擅长的事所决定，他们唯一的义务是遵守协定。一如谷贝的能源技术改造了世界，他的哲学也是如此。他的信徒中包括一名富有的实业家，这名实业家选择成为第一批生育无眠者孩子的人，他希望他的女儿蕾莎（Leisha）能成为成功人士。他向她解释道："人们彼此交换各自擅长的事情，这样每个人都能受益。契约是文明的基本工具。契约是自愿订立、互惠互利的，和胁迫恰恰相反，（因为）胁迫并不是明智之选。"[42] 然而，当蕾莎长大后，她对谷贝主义仍然持有怀疑——她也喜欢睡眠者，尽管她的许多无眠者朋友都主张蕾莎与他们脱离。虽然蕾莎或许会好心地给乞丐一些零钱，她的无眠者朋友托尼（Tony）却问道："如果他们中有暴民怎么办？"

他继续说："你对睡眠者有什么亏欠呢？一个相信互惠互利的契约的谷贝主义好人（Yagaist）和没什么东西可交换、只会一味索取的人有什么相干？"

"你不是……"

"我不是什么，蕾莎？用你能想到的最客观的话来说，我们欠那些贪心的、低效的穷人什么？"

"我一开始就说过的那些——善意，同情心。"

"即便他们不会交换回来？为什么？"[43]

克雷斯在她的前言中写道，她想要探索一个在高效者和低效者之间愈趋两极化的社会可能造成的长期影响，想要完成对安·兰德（Ayn Rand）* 提倡的个人卓越性的理解，以及对厄休拉·勒吉恩（Ursula Le Guin）** 在其 1974 年的小说《一无所有：不确定的乌托

---

* 安·兰德（1905 年—1982 年）：俄裔美国哲学家、小说家，她的哲学理论和小说开创了客观主义哲学运动。
** 厄休拉·勒吉恩（1929 年—2018 年）：美国作家，以科幻小说创作闻名。

邦》(*The Dispossessed: An Ambiguous Utopia*)中所表达观念的理解。克雷斯在临近书的结尾时给出了自己的结论,并借蕾莎之口把它表达了出来:"问每一个乞丐他为什么是一个乞丐,为什么表现得像个乞丐,这就是强者对乞丐的亏欠。社区(这种组织形态)是假设,而非结果。赋予低效以卓越的特性并采取相应的行动,只有这样,一个人才算是履行了对西班牙乞丐们的责任。"[44]

《西班牙乞丐》和对高效类黑客行为的抨击有着令人震惊的相似性。试想一下谷贝的改造技术和他的哲学的结合。克雷斯的小说出版于 1993 年,我不觉得她预料到了人们在未来对高效类黑客行为的抨击,但互联网的发展中也产生了类似的文化结合:有许多杰出的黑客和创业者受到了自由主义和安·兰德的客观主义哲学的影响。[45]

著名计算机程序员、黑客随笔作家、创业者和风险投资人保罗·格雷厄姆(Paul Graham)似乎就是一名谷贝主义者。他在一篇 2004 年的随笔中写到那些最擅长某件事的人"往往比其他人好得多",以及技术好比杠杆,可以进一步拉开差距。相应的,在现代社会中,收入差距的存在就和"高效者和低效者之间的距离"一般常见。只要是价值创造的结果,而不是贪污或者胁迫,"逐渐拉大的收入差异便是一种健康的迹象"。在富裕的社会中,**相对贫穷**也并非那么糟糕:"如果我可以选择生活在一个比我现在的物质条件好得多的社会里,但我属于最穷的一群人,或者生活在一个比我现在的物质条件差得多的社会,但我是最富有的人,我宁愿选择前者。"[46]

格雷厄姆选择在一个超级富裕的社会做一个穷人是理性的，但在经济学角度却行不通，在心理学层面也无法普及。格雷厄姆很富有，很难想象一个人人比他更富的社会会是什么样子。另外，研究显示人们在面对不平等时会感到不满，无论其本身的绝对收入如何。[47] 巧的是，这正是上一章提到过的科里·多克托罗的小说《在魔法王国中潦倒》的一个重要主题。

格雷厄姆以他对黑客思维和黑客文化的洞见著称，其名声也是实至名归。在他探讨黑客行为的论文集中，他解释说黑客技巧一词既可以用于聪明的解决办法，也可以用于凑合的解决办法，因为"不漂亮的解决方案和富有想象力的解决方案有着一个共同点：它们都打破了规则"。[48] 出于个人利益使用生活黑客技巧，并以此打破我们的集体系统时，很少有人会考虑到那些受到影响的个体。确实，那些落在后面的人可能会被雇来——的确是雇来——干些卑贱的苦差，而他们的雇主正是那些头脑够聪明，因而得以摆脱这些苦差的人。然而，是否可以改善系统本身呢？生活黑客对此完全无话可说。生活黑客实践或许能让人更高效地为推动社会进步谋福利，但生活黑客首先重点要"黑入"的还是自我。

动机黑客

　　一个美丽的夏日，我前往旧金山的普雷西迪奥公园（Presidio Park）参加一个野餐会，这个野餐会不同于我以往参加过的任何野餐会。这个小聚会的参与者都热衷于使用一款叫作"蜜蜂护卫"（Beeminder）的自我管理 App，而《动机黑客》（*The Motivation Hacker*）一书的作者尼克·温特（Nick Winter）是这场聚会的特别来宾。温特是汉字学习 App "梵文小动物"（Skritter）*以及"代码战斗"（CodeCombat）——一款学习编程语言的教育类电子游戏——背后的"创始人/黑客"。虽然跟费里斯和泰南一样，他也是那种会在电脑前久坐不起的人，但他显然不太满意那种瘦巴巴的书呆子的刻板印象。温特的个人网站上有一张他单手倒立的特写照片，照片里他穿着谷歌 T 恤和薄底的"五指鞋"（这款鞋也很受泰南青睐）。对一个头朝下脚朝上倒立着的人来说，温特的神情颇为安详（图 3-1）。我在野餐会上遇到他的时候，他正穿着照片里那双不像鞋子的鞋子扔飞盘。

---

* Skritter 是 Sanskrit（梵文）和 critter（生物）两词的拼贴。

图 3-1

尼克・温特单手倒立图，经授权使用

http://www.nickwinter.net/.

《动机黑客》是一份自我实验的报告、一份有关如何最大程度激发自身内动力的教程。温特的目标是在 3 个月内写完这本书，"同时尝试另外 17 项任务"。这些任务包括学习滑滑板、尝试高空跳伞、学习 3000 个新汉字、和女朋友约会 10 次、与 100 人一起消磨时间、马拉松跑进 4 小时，以及"将幸福指数从 10 分中的 6.3 分提高到 7.3 分"。最重要的是，他必须完成"梵文小动物"App 的开发。[1]温特曾表示，是"少错一点"——一个致力于"完善人类理性的艺术"的社区博客——上的一个帖子让他备受激励，决定进行这些挑战。

"少错一点"上的那个帖子其实是皮尔斯·斯蒂尔（Piers Steel）的《拖延公式：如何不再拖延并完成任务》（*The Procrastination Equation: How to Stop Putting Things Off and Start Getting Stuff Done*）的摘要。[2]斯蒂尔是一名组织动态学教授，他认为一个人做事动机的强烈程度可以用以下公式表示：

$$动机 = \frac{期望 \times 价值}{冲动 \times 延期}$$

也就是说，如果你想要激励自己，就要设定一个不但可以达成而且有价值的目标，并在获得奖赏前尽量排除干扰、减少延期。假设说你想要激励自己开始小说新一章的写作，从只写 25 分钟开始，然后休息 5 分钟，这是可达成的，而且根据经验，你知道万事开头难。这样你就已经展开了斯蒂尔所说的"成功螺旋"。你也想要减少干扰，并立刻获得奖赏，于是，你关掉了网络，并在 25 分钟过后奖励了自己一份小零食，像是一颗葡萄。温特一读到

"少错一点"上的那个帖子，就"急不可待地想看看这些用来解决激励水平不足的技巧是不是真的可以将人们做事的动力提升至不要命的程度"。[3]

一个讨论理性的网络论坛让温特有了动力，这听起来无可厚非。对理性型的头脑来说，没有做对他们最有益的事特别令人懊恼。不过，人类其实一直在为没有做正确的事所苦。古人称之为"意志不坚"（akrasia），在希腊语中意为缺乏自控力。克服"意志不坚"的方法就和让人们意志不坚的诱惑本身一样历史悠久。在荷马史诗《奥德赛》（The Odyssey）中，奥德修斯为了可以听到塞壬的歌声，让同船的水手们先把他绑到船的桅杆上，再塞住他们自己的耳朵——水手们应当摇桨前行，不顾那迷倒众生的歌声，不顾他们的领队让他们驶往那致命的礁石的恳求。相应的，诸如烧桥以断后路之类的义无反顾，有时候被称为"尤利西斯协约"（Ulysses pacts）。尤利西斯是奥德修斯的罗马名字。好几个世纪以后，保罗在给罗马人的信中表达了其悔恨："因为我所做的，我自己不明白。我所愿意的，我并不做。我所恨恶的，我倒去做。"*他的解决方案是让自己成为他的主的奴仆，而不是继续受他自己的罪恶本质的奴役。

诺贝尔经济学奖获得者托马斯·谢林（Thomas Schelling）是更现代的"意志不坚"的理论家。谢林最著名的研究是将博弈论应用于国际冲突和合作。1978年和1980年，他发表了两篇较不为

---

*此译文来自《圣经和合本》罗马书 7:15。

人所知的文章，讨论博弈论的应用者通过和自己博弈来管理内部冲突。

> 我们在受诱惑的时候把东西放到够不到的地方，我们许诺自己小小的奖赏，我们将权力交给一位值得信赖的朋友，让其监督我们的热量摄取和抽烟频率。我们把闹钟放在房间那头，这样我们不起床就没法把闹钟关掉。习惯迟到的人总是把表拨快几分钟来欺骗自己。[4]

谢林认为自我控制是一个重要的主题，它为经济学开创了一个当代的新领域。就像经济学（economics）一词源于希腊语中描述家务和管理的词汇，自我经济学（egonomics）将会成为自我管理的艺术和科学。这样的研究案例应有尽有：如何管理我们的恐惧、愤怒、懒惰、上瘾以及其他让我们与高效背道而驰的"有害"行为？我们会通过修剪指甲、戴着手套睡觉来防止自己抓挠感染了毒漆藤皮疹的皮肤，在生活的其他方面，我们也需要类似的"窍门"。这和戴维·艾伦几十年后在《搞定》中对窍门一词的使用非常相似，它就是生活黑客技巧，只是叫法不同而已。

有趣的是，最有可能代表自我管理的图形是番茄——不过或许上一章中出现的"巴甫洛克"电击手环将会取而代之。弗朗切斯科·奇里洛（Francesco Cirillo）在20世纪80年代创造了一种"番茄工作法"（Pomodoro Technique），这个名字来源于他大学时用过的一个番茄形状的厨房计时器（pomodoro在意大利语中意为番茄）。这套方法的流程大致是这样的：思考一下你的任务，工作一段时间，一般是 25 分钟，然后稍微休息一会儿。如果有什么不相关的念头让你分心（萨莉回我邮件了吗？）就把它写下来，以便之后再回到这件事上，再继续工作。这样重复几次之后，你可以休息更长的一段时间。跟许多提高效率的黑客技巧一样，这似乎是在进行时间管理。但"番茄工作法"更是一个心理学工具、一个自我管理工具、一个自我经济学工具。其用户称这一方法改善了他们的专注力、增强了他们的动力，改善了他们预估完成任务所需时间的能力，让他们在面对复杂任务时变得更有决心，还减轻了他们承担任务的焦虑。我使用的是一个与之类似的时间盒*方法，我发现其中许多效果在我身上也应验了。正如斯蒂芬·科维在《高效能人士的七个习惯》中写到的，"说是'时间管理'实在是用词不当——挑战并不在于时间，而在于自我管理"。[5]

在本书的开始，我评论说生活黑客是属于数字时代的现象。在我们生活的文化中，创新阶层被认为应当自力更生；但在我们生活的时代，干扰又无处不在。作为一个解决方案，一种应对这一问题，甚至超越这一问题的方法，动机黑客应运而生。我们将会看到，这种方法的一部分建议确实有用，但也有许多只是夸夸其谈。更重要的是，自我管理的工作量比我们想象的要大得多。即便实行了自我管理，到最后我们还是有可能无法获得满足。

---

* 为预定进行的活动分配执行时间的时间管理方法，每一段分配的时间被称为一个时间盒。

动机的科学

大众科学是生活黑客们汲取灵感的源泉，他们通过阅读畅销书和观看 TED 演讲来学习意志坚定和好习惯的行为基础。这和基于社会科学的自助类内容自 2010 年起的欣欣向荣——包括斯蒂尔的《拖延公式》——恰好不约而同。"自我经济学"一词没能流行起来，但谢林提出的问题却广为人知。

我们在上一章中提到了杰出的社会心理学家罗伊·鲍迈斯特，他认为在 GTD 和蔡格尼克记忆效应之间存在着联系。鲍迈斯特的"自我损耗"理论非常出名。《意志力：重新发现人类最伟大的力量》（ Willpower: Rediscovering the Greatest Human Strength ）一书让其风行了起来。这项理论认为，我们身上意志力的"储备"是有限的，它的存量和血糖有关："由于身体在自我控制期间会消耗葡萄糖，于是人开始渴望甜食——这对希望通过自我控制来戒甜食的人来说是个坏消息。"[6] 由于意志力可能反复无常，鲍迈斯特和他的合著者认为，抵抗诱惑的一个好办法是建构一种从一开始就杜绝诱惑的生活。

动机黑客也需要"建构"一些习惯。《习惯的力量：为什么我们这样生活，那样工作》（ The Power of Habit: Why We Do What We Do in Life and Business ）一书提出，习惯的建立需要暗示（来触发大脑）、常规（使习惯变得自动化）以及奖赏（来建立那些常规）。来自同一位作者的《更聪明，更快，更好：在生活和工作中保持高效的秘诀》（ Smarter Faster Better: The Secrets of Being

Productive in Life and Business）建议读者使用"SMART"目标（具体、可衡量、可分配、具有相关性并有明确的时间期限），但要设定比较大的"有弹性的"目标，不然你可能会就此止步于容易达成的目标。[7] 有效目标的设定也是《反思积极思维：动机的新科学》（*Rethinking Positive Thinking: Inside the New Science of Motivation*）一书探讨的主题之一。[8] 继畅销书《坚毅：激情和坚持的力量》（*Grit: The Power of Passion and Perseverance*）之后，又出现了一个与之相辅相成的广受欢迎的 TED 演讲——这在自助界算是比较司空见惯的。[9]

游戏化——在学习和健身等领域应用分数、积分榜和成就等游戏设计元素——被大张旗鼓地宣传，并为所有这些大众社会科学推波助澜。这些宣传瞄准的目标不仅仅是自我而已。所谓的增长黑客，也是使用同样的技巧增加他们产品和服务的销售量。一位前游戏设计师建议采取和用于建立个人习惯的一模一样的手法（暗示、常规和奖赏）来吸引游戏玩家。[10]

这些便是生活黑客们的学习材料。他们使用动机公式、设定明智的目标、培养好习惯、持之以恒并将任务过程游戏化，之后又加入了系统化和他们对技术的喜爱。这些影响在温特完成"梵文小动物"应用开发期间"将动机提高到不要命的程度"的尝试中非常显著。

在《动机黑客》中，温特写到了他的应用软件开发工作遭遇搁浅的一刻："我拼命地想要完成这个应用的开发，但却没法让自己工作。我的程序漏洞前所未有地多……我能预见到这款苹果手机应用还要好几个月才能完成。期望和价值很低，冲动和延期很高，我完全失去了动力。"[11]温特意识到如果他想要完成这项任务，就必须使用动机公式来设计一个方法。他从"成功螺旋"开始着手，为每天的应用开发工作设定一个容易达到的时间量。最初的成功提高了他完成目标的期望。重要的是，他用投入的努力而不是结果来描述他的目标。反其道而行之则会招致失败，因为对于现实世界中发生的事情，我们鲜有控制权。关注投入而非产出可以减少失望，这位动机黑客已经整装待发，准备好了再次尝试。

温特也意识到，他在修补程序漏洞上花了太多时间，而这是一项没什么价值的任务。他知道如果可以真正帮助到用户，他会"更有动力修补程序漏洞"，于是他把注意力放在完成应用的功能开发上，这样他就可以向用户发布一个"内部测试版"——这一目标会有更高的价值感。然后他将事先估计的，会延期的任务作为下一个需要攻破的"里程碑"。最后，为了降低冲动，他将早晨他最高效的时间用于应用开发，并为邮件和其他干扰分配了时间盒（例如，仅在午饭后查看邮件）。

温特的动机黑客技巧奏效了。他追踪了用在任务上的时间，把打破每天的平均连续工作量变成了一场比赛。渐渐地，随着他每天工作得越来越久，他"每个小时完成的工作也越来越多，并越来越享受这个过程"。于是他决定进一步挑战自己，看看他在一周中能工作多少个小时。在之前的两个月中，他平均每天工作9个小时，但在这极度专注的一周里，他做到了平均每天工作12小时，一周的总工作时间达到了87.3小时。为了进一步降低冲动，温特为自己和计算机屏幕拍摄了缩时视频*，并将视频发布在网上。他会把工作计划告诉朋友（由朋友监督），这样自己许下的承诺就不容易食言。同时他的冲动也得到了控制，因为他不想让别人看到他浪费时间浏览让他分心的网站。这些方法让温特"高效得要命"。与此同时，他的其他目标也没有落下。在这 87 个小时的工作时间以外，他参加了 5 次社交活动，平均每天做 125 个引体向上。在温特追踪自己进展的这些日子里，每天他都跟女朋友十分甜蜜。之后，他对他的"代码战斗"项目也进行了同样为期一周的实验，"累计工作 120.75 小时"。[12]

高效也色情

当我读到温特一周工作了 120 个小时的帖子时，我既感到错愕，又感到好奇。帖子第一位评论者的反应和我一样："什么，你是白痴吗？我这周的目标是看看我是不是可以做到 5 天不尿尿。这到底有什么意义？比起看看你是不是会让自己工作过劳而死，肯定还有更好的事情可做，不是吗？"[13] 我感到好奇是因为温特显然非常享受这个实验。他平均每天工作 17.25 小时，睡 6.38 小时，花 22 分钟吃饭。然而他不懈追踪着的健康指标值都相当高：他的平均幸福值为 7.03/10（"棒极了！"），精力值为 6.64（"对我来说挺高"），健康值为 5.33（"5 还'凑合'"）。还有不少评论者很欣赏这个实验和实验带来的启发。编程工作能引人沉思，专注和

---

* 一种把物体缓慢变化的过程压缩在较短时间内播放的摄影技术。

高动机还可以让你完成许多事情。他们询问的内容包括他采用的方法以及如何制作视频。也有人警告温特"趁这种状态还在，好好享受"。年纪越大，就越难达到这种程度的专注，有孩子后就更难了。（他后来有了两个孩子，我会在之后的章节提到。）

温特显然用黑客技巧做到了高效，但其他人——如果有的话——却很少有这么成功的。也有少数黑客自问，他们这样东琢磨西琢磨是不是另一种拖延症的表现。而我们应当问的是，这其中有多少是有可靠的科学依据的？

有一句往往被认为是出自亚伯拉罕·林肯（Abraham Lincoln）的名言深得生活黑客们的喜爱："如果我有 5 分钟的时间砍树，我会花头 3 分钟磨利我的斧子。"并没有证据能表明这句话出自林肯之口，但"生活黑客"网站在 2011 年附和了这一说法：

> 林肯在还没成为美国历史上最重要的总统之一的时候，曾是一名技术精湛的伐木工，他可能既是在字面意义也是在比喻意义上说了这句话。缺乏效率的工具会浪费你的精力。不管执行什么任务，最好把大部分时间用于寻找和创造最合适的工具……对于那些室内工作，"磨利你的斧子"可能包括设置邮件过滤、使用文本替代 * 功能、安装提高工作效率的软件。继续深入学习、吃得健康以获得更好的脑力，磨利你最重要的工具——你的大

＊指使用文本替换软件来替换需要重复输入的文本。

脑——也会帮助你更高效地工作。[14]

虽然这一观点想要证明的是生活黑客花在系统化、实验和调试系统上的时间是合理的，许多人认为比起节约的时间，这些事情浪费的时间可能更多。"43 文件夹"的创始者默林·曼早在2005 年就拿"高效色情"（色情文化的网络用语）[*]的诱惑开过玩笑："这是一个很戏谑的词，其热情的——甚至过分痴迷的——使用者常常充满柔情蜜意地提到它。这个词往往隐含着人们知道不是所有的'高效色情'都会最终帮助我们达到高效的意思……无论如何，'43 文件夹'的许多朋友（包括其作者）将会欣然承认他们已经对'高效色情'上了瘾。"[15] 到 2008 年时，这种充满爱意的情绪已经变得相当苦涩：生活黑客的肤浅让曼感到幻灭。随后，他开始致力于削减他称为"我创造着、使用着的半完成、半有用的半成型想法"，开始致力于"把一切做得更好"。[16] 到那年年终，他已经减少了在"43 文件夹"上的发帖，并在 2011 年完全停止了发帖。

其后不久，身兼技术作者、母亲、博主三个身份的海迪·韦斯（Heidi Weiss）[**]将这一嗜好称为"过程的爱抚"。在 2015 年的一个关于"我们其他人的生活黑客技巧"（比如女性、父母、看护者）的演讲中，韦斯谈到她将软件领域的工作流应用到了生活尤其是她的兴趣爱好中。比方说，"敏捷工艺"就是把工作时追求高

---

[*] 原文为"pr0n"，是"pornography"一词的网络用语。
[**] 原文如此，但根据下文内容和注释，实为海迪·沃特豪斯，疑为作者笔误。

效快捷的那套准则应用到刺绣艺术之中。她警告道："如果你每天花 1 个小时以上的时间阅读如何进行时间管理，那你就已经失败了。"[17] 这甚至还成了一幅在极客中间很受欢迎的 XKCD* 漫画（图 3-2）的主题，漫画用图表记录了 5 年的时间内，在用掉的时间超过节约出来的时间前，你能为"让一项常规任务变得更高效"这件事投入多少时间。[18]

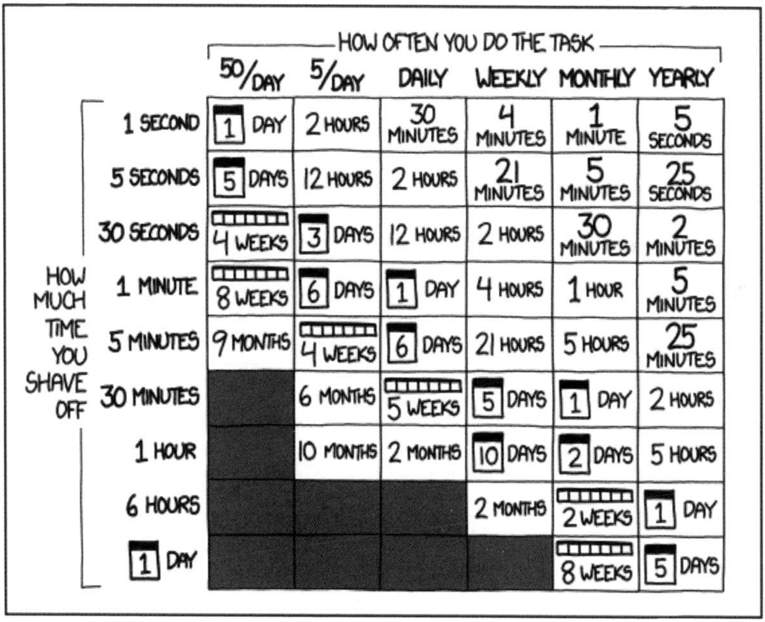

	50/DAY	5/DAY	DAILY	WEEKLY	MONTHLY	YEARLY
1 SECOND	1 DAY	2 HOURS	30 MINUTES	4 MINUTES	1 MINUTE	5 SECONDS
5 SECONDS	5 DAYS	12 HOURS	2 HOURS	21 MINUTES	5 MINUTES	25 SECONDS
30 SECONDS	4 WEEKS	3 DAYS	12 HOURS	2 HOURS	30 MINUTES	2 MINUTES
1 MINUTE	8 WEEKS	6 DAYS	1 DAY	4 HOURS	1 HOUR	5 MINUTES
5 MINUTES	9 MONTHS	4 WEEKS	6 DAYS	21 HOURS	5 HOURS	25 MINUTES
30 MINUTES		6 MONTHS	5 WEEKS	5 DAYS	1 DAY	2 HOURS
1 HOUR		10 MONTHS	2 MONTHS	10 DAYS	2 DAYS	5 HOURS
6 HOURS				2 MONTHS	2 WEEKS	1 DAY
1 DAY					8 WEEKS	5 DAYS

（HOW OFTEN YOU DO THE TASK / HOW MUCH TIME YOU SHAVE OFF）

图 3-2

Randall Munroe, "Is It Worth the Time?," XKCD, 2013, http://xkcd.com/1205/.

* 一个网络漫画网站，主要有浪漫、讽刺、数学和语言四种题材的漫画。

可重现性危机

"磨利斧子"显然也可能是一种拖延症。我们没有去砍柴，而是实验着各种可以改进斧刃锋利度的新方法和新材料。但我们知道有什么小装置或者方法是真的可以磨利斧子的吗？正如在自助类内容中经常出现的，听说某些说法缺乏事实根据令我们感到稀松平常。例如，难道我们之前开玩笑提到的"憋尿大法"真的能提高工作效率吗？"生活黑客"网站认为可以，但其依据的是一些可疑的研究。《提高工作效率的最佳身体黑客技巧》(*The Best Body Hacks to Boost Your Productivity at Work*)建议你"把大拇指放到嘴里呵气以减少压力""嚼口香糖或者咬咖啡搅拌棒来提高注意力"以及"用右耳倾听重要谈话"。最值得注意的是，"通过控制膀胱来控制冲动的决策"。也就是说，在开会前大量喝水，于是，不尿裤子的决心就会产生溢出效应*。[19]

这个帖子正好说明了眼下这些研究、对这些研究的报道和以之为基础的自助类建议所面临的一个大问题。想想看最近那个断定吃巧克力可以加快减重的伪研究。该研究有真实的被试者（只有 14 名）、常用的研究方法（有可能出现假阳性**结果）以及具有统计意义的差异结果（但只有微小的影响），还被发表了一份有专家评审的严谨的期刊上（据出版商所言）。[20] 这是一项不可靠的研究，最好直接忽略，但许多新闻网站将这一发现作为事实报道

---

* 指某一方面的感觉对另一个方面产生影响。
** 指测试并不属实。

了出来，这就暴露出了科学的严谨性和新闻审查的问题。

为了确定这一问题的严重程度，学界已经投入了许多努力来重新考查广受好评的经典研究。由上百名研究人员合作参与的"重现性计划"重复了发表在顶级心理学期刊上的 100 项研究，仅成功地重现了其中 35 项研究的结果。另一项"重现性指数"计划则使用元分析将现有的研究数据整合在一起，以达到揭露伪研究发现的目的。罗伊·鲍迈斯特有关动机的"自我损耗"理论因此被认定是"伪研究"，不过鲍迈斯特仍然相信他的研究方法和有关血糖的结论是站得住脚的。[21]

改革者们认为研究人员总是强调他们的研究在数据上表现出来的差异性非常显著。p 值代表一项新发现只是偶发现象的可能性——通常以 0.05 为显著性水平的上限。然而，这个值仅在测试单一假设的情况下有意义，并不适用有很多变量的情况。例如，那项有关巧克力的研究测试了 15 人*的 18 项指标：血蛋白水平、胆固醇、睡眠质量、体重、幸福感等。研究人员有 60% 的可能性在这 18 项指标里找到某个显著性水平为 0.05 的结果。无论研究人员是在无意中愚弄了自己还是有意欺骗同僚，这一做法被称为"p 值黑客"，可谓恰如其分。

期刊只发布新发现的现实加剧了"p 值黑客"问题。对于每一项引人注目的结果（如"巧克力加快减重"），其实还有许多未发表的研究发现了全然相反的结果，但它们从未得到发表。这种带

---

* 研究开始时被试人数为 15 人，但是其中一名被试者由于体重测量问题，其结果没有被纳入研究分析之中。所以前文中提到的被试人数是 14 人。

有偏见的发表机制扭曲了我们对世界的认识，也助长了毫无根据的自助式建议的盛行。

改善这一情况的方法之一是让研究人员在收集数据前先将他们的假设和研究方法"注册"在案。这样一来，研究人员左右其分析的自由便得到了约束。此外，即便是与假设相左的结果也应当得到发表。

在这些改革成为规范之前，研究人员恐怕一直都会身处泥沼之中，尤其是在给公众提建议的时候。《坚毅》和《反思积极思维》的作者双双被指为抢占自助类内容的市场而提出了缺乏根据但听上去"科学"的主张。[22]

这一忧虑甚至还在几位合著者之间引起了分歧。在有史以来最有名的 TED 演讲之———"你的肢体语言决定了你是谁"中，哈佛商学院（Harvard Business School）的教授埃米·卡迪（Amy Cuddy）谈到了她和达娜·卡尼（Dana Carney）以及安迪·亚普（Andy Yap）一起进行的一项研究。她在演讲的开头说道："（这是）一项免费的零科技生活黑客技巧，你只需要这样做：换一个姿势并保持这个姿势 2 分钟。"卡迪和她的合著者发现保持"高权力姿势"——即自信的身体姿势——2 分钟可以提升自信、让人更愿意冒险，同时还会提高睾酮水平并降低皮质醇水平，让人在"高压评估情境"（例如工作面试）中给别人留下更好的印象。这说明"我们的身体会改变我们的大脑，我们的大脑会改变我们的行为，而我们的行为会改变结果"。这项"零科技生活黑客技巧"不仅仅是弄假直到成功，"还是弄假直到成真"。卡迪请观众将她的研究发现分享给他人，尤其是分享给那些最缺少资源、权力和特权的人，"因为这个方法可以为他们的生活带来显著的改变"。[23]

卡迪的演讲和随之出版的著作大获成功，但那些试图重现这项研究的结果的尝试却收效甚微。几年之后，卡迪的合著者达娜·卡尼走出了不同寻常的一步，她解释了她不再教授和研究高权力姿势，也不再向公众做有关高权力姿势的演讲的原因。那些重现这项研究的失败尝试，以及她后来意识到的这项研究工作的不足之处，让卡尼得出了高权力姿势的影响并不属实的结论。由于许多数据收集和数据分析工作都是由卡尼进行的，她可以坦诚地披露她及其同事犯下的许多错误。在他们的研究设计中，睾酮水平的提升可能是赢得小奖励的结果，与姿势无关。他们在分析中忽略了数据，有选择性地排除了离群值，只报告了在数据上有显著差异的测试（也就是说他们有"p值黑客"的嫌疑）。卡迪在回应中承认，虽然试图重现研究结果的最严格缜密的尝试——在假设和研究方法"注册"在案的情况下——没有发现行为和生理上的变化，但证实了被试者自我报告**感觉**更有力量，行为和生理变化"相较于主要效果是次要的"，这些将成为后续研究的主题。[24] 然而，众所周知，人们的自我报告相当不可靠。被试者往往会报告他们想要相信的结果。如果感觉上的变化是这项研究的唯一发现，它并不值得成为 TED 演讲的主题，也不值得被称为生活黑客技巧或者新的自助之道。

试图登上 TED 舞台或许也是问题的一部分。2012 年，TED 组织被迫就 TEDx*大会上与日俱增的伪科学发出警告。2015 年，喜剧作家威尔·斯蒂芬（Will Stephen）做了一个听上去很让人信服的演讲，他在演讲的开头说道："我实在没有任何东西可说，不过，通过我说话的方式，我会让我显得有话可说——显得我正在说一些绝妙的话。或许，只是或许，你会觉得你学到了点什么。"[25] 这段话应和了几年前的一场讨论。在那场讨论中，TED 被诟病其提供的解决方案跟安慰剂差不多：他们是"平庸的大教会资讯娱乐节目"，提供的都是过分简单、鼓舞人心但却没有效果的解决方案。[26] 生活黑客，尤其是蒂姆·费里斯，也受到了同样的批评。在一篇介绍费里斯的出色文章中，作者提到费里斯书中的一些段落"听上去就像《洋葱报》（Onion）对 TED 演讲的讽刺"，另一篇文章则称他的演讲是"阅读《连线》杂志、热爱应用软件的书呆子创业者们"的演讲，而他的措辞则是"北加州行话（费里斯的口头禅是'超级兴奋'）和 TED 演讲语术的综合体"。[27]

　　许多生活黑客的建议都是基于已经发表的研究，但不幸的是，这些研究的质量让人不敢恭维。更糟糕的是许多"迷思"的存在——怀疑论者这么称呼披着科学外衣的错误信念，生活黑客们很难不受其影响。幸运的则是，目前的混乱同样说明科学仍然有继续进步的空间。生活黑客势必要了解伪科学、弱科学和缜密的科学之间的区别——兼听则明。

---

*TEDx 是经 TED 组织批准、由个人组织的类似 TED 的演讲集会。

奥德修斯式的目标追踪

作为学习类应用软件的黑客和开发者，温特在努力让自己变得高效得要命的过程中自然会用到应用软件。提供目标追踪、图形化、培养习惯、每日励志金句甚至催眠功能的应用软件数以百计。这些应用在增加社交功能和游戏化元素后变得格外流行。现在，你可以加入团队挑战（和附近的人或者网络上的人）、获得鼓励和专人指导。你也可以将你的目标和角色扮演联系在一起。在"习惯之地"（Habitica）*上，吃垃圾食品会让你的角色损失健康值，做 10 个俯卧撑则可以让你的角色获得金子和经验值。温特使用的是"蜜蜂护卫"，这款应用形容自己是"奥德修斯式的目标追踪"——借用了奥德修斯将自己绑在船桅杆上的神话故事。它会把你和一组数额逐渐递增的金钱惩罚捆绑在一起。忘了剔牙，那你就损失了 5 美元。你现在的赌注增加到了 10 美元，接下去则是 30 美元、90 美元、270 美元以及更高的数额。

"蜜蜂护卫"并不是唯一一款这样的应用，另一个流行的选择是耶鲁的经济学家们创立的"坚持契约"（StickK）——它又是最极客的。"蜜蜂护卫"和"坚持契约"都会在用户违反承诺时收取罚金——"坚持契约"允许用户自行指定受益人，但即便如此，公司还是会从中抽取一部分金额。起初，这显得有点奇怪，但和我聊过的用户并不认为这有什么问题：他们认为自己在为一项有用的服务付费。

---

* 一款应用角色扮演的习惯养成类软件。

　　"蜜蜂护卫"是丹尼·里夫斯（Danny Reeves）和贝萨妮·索尔（Bethany Soule）开发的产品。里夫斯拥有计算机博弈论的博士学位，他后来在雅虎（Yahoo）研究激励制度。索尔拥有机器学习的硕士学位，并经常"当众谈论她疯狂的自我量化生活黑客技巧"。[28]

　　"蜜蜂护卫"是为"意志不坚者们"——那些无法将可达成的目标贯彻到底的人——准备的。许多生活黑客都谈到他们缺乏激励自己剔牙的动力，而这就是一个完美的"蜜蜂护卫"目标：有价值并且绝对可行。相比之下，成为宇航员虽然有价值，但并不可能实现。"蜜蜂护卫"使用罚金来激励用户达成他们想要达成且切实可行的目标，就像谢林几十年前所建议的那样。想一想 A. J. 雅各布斯的例子，这位作者外包了他的生活，并将他长达一年之久的实验写成了畅销书。他所做的实验包括阅读《不列颠百科全书》（*Encyclopedia Britannica*）、在生活中遵循《圣经》中的各种规则。作为他"终极健康"（Drop Dead Healthy）实验中的一部分，他决定丢掉吃芒果干的习惯——尽管芒果干"看上去很健康"，"实际上只是橙色的糖"。[29] 他写了一张支票给美国纳粹党，并告诉他的妻子，只要他再吃一块芒果干，她就把支票寄出去。雅各布斯成功做到了，在网络服务的包装下，"蜜蜂护卫"利用的也是类似的对输钱的厌恶心理。

　　一旦设定了一个目标，"蜜蜂护卫"就会创建一条他们称为"黄色砖路"的路径，在这条路径上，每天都是一个里程碑。其背后的观念是，如果向着长期目标小步前进，这一目标便更有可能达成。每当你"脱轨",或者偏离了你的路径,就需要支付罚金,而这笔罚金的数额会快速递增。这条路可能是平坦的(比如每天至少剔一次牙),也可能是渐进的(从每天写300字到每天写3000字)。"蜜蜂护卫"的设计旨在提供"尽可能有弹性的重要承诺"。承诺随着罚金的增加而越来越"重要":5美元、10美元、30美元、90美元、270美元、810美元以及2430美元(其用户最多支付过810美元的罚金)。

其弹性在于你可以决定里程碑上升的速度:"'践行蜜蜂护卫'指的是承诺达成你的黄色砖路上的每一个数据点,但你会拥有一周的余裕,那样你就可以自己控制路的斜度。""蜜蜂护卫"将这一周的余裕称为"意志不坚期限",它可以帮助你抵抗当即下调目标的诱惑:"这是一个时间期限,过了这个期限后你便能够摆脱意志不坚的影响,再度理智地做出决定。"而选择这样一个罚金计划是为了让你尽快达到你的"激励点",这样"当你最终找到可以激励你保持前进的罚金金额时,你浪费在罚款上的钱永远不会超过该数额的一半"。[30]

我在"蜜蜂护卫"的野餐会上遇到了软件工程师肖恩·费洛斯(Sean Fellows),他将这款应用用于一些普通的任务,比如给植物浇水、锻炼、给亲戚打电话、给狗梳毛、发照片到他母亲的电子相册。让费洛斯最赞赏的是"蜜蜂护卫"整合了IFTTT("如果这样就那样")*的服务,这样一来,用户就能自行设置不同服务和

---

* IFTTT(If This Then That)是一个网络服务平台,用户可以在平台上选择平台提供的第三方服务,并为触发该第三方服务设置"如果这样就那样"的条件语句。

设备的方案。例如，你的手机可以自动告诉"蜜蜂护卫"你是否去了健身房（通过定位），是否给父亲打了电话（通过拨号应用），是否做了运动（通过加速度计），以及是否完成了紧急任务（通过待办事项类应用）。费洛斯用适度的保证金来管理他的目标，他交的罚金从没有超过 30 美元。而且，很典型的是，他使用了一堆脚本来管理他的"蜜蜂护卫"目标，还设置了一个管理"蜜蜂护卫"目标的"蜜蜂护卫"目标。[31]

温特既将"蜜蜂护卫"作为不牵涉罚金的目标追踪应用使用，也将其作为牵涉高额罚金的动力激发应用使用。如前所述，在开发"梵文小动物"的过程中，温特使用动机公式收获了很好的结果。发行日期是一条无法变更的死线，这关系到温特的财政状况。他没有为这项目标设定保证金，但他依旧使用了"蜜蜂护卫"来追踪他的进展。温特在一开始设定了一个合理的目标，并成功地将他的应用开发时间从每天 1.3 小时增加到了每天 2.7 小时。这表示他可以做得更好，但还不够好。于是他将目标调高到了每天 5 小时。在力图达成这一"蜜蜂护卫"目标的最初 3 个月里，他曾在脱轨的边缘游走，因为他"和失败之间顶多只隔着一天的工作量"。[32] 但是最终，他借由动机公式，创造出了一个"成功螺旋"，继而轻易地超越了他的目标。

温特的其他目标则需要有输钱的危险。当我向温特表达了对成为工作狂的担忧，并对他设定社交目标和有关女友的目标感到奇怪时，他承认工作是他的"自然状态，我在'蜜蜂护卫'上设定其他目标，是为了避免自己过度工作，让生活和工作失衡……

只关注，比如说，工作效率，是危险的，因为你肯定会让自己变成一个工作狂魔。"[33]

对温特来说，高空跳伞就是一个不太寻常的目标，他要求"蜜蜂护卫"的人把他失败时需要支付的罚金设定为7290美元。这还挺少见的：缩短以5美元起步的正常罚金计划、直接跳到更高的罚金数额是"蜜蜂护卫"仅向高级会员开放的功能。这不仅增加了温特的动力，还减少了他从飞机上跳下来的焦虑。他承诺了数千美元的保证金，支付了在一个具体的日子进行高空跳伞的费用，向他所有的朋友和同事广而告之，还在一篇书稿里写到了这个计划："既然我已经做了这么多的前期投入，远远超过了'必要'的程度，我很肯定我会成功地从飞机上跳下来，于是我感受到的不再是害怕，而是兴奋。"[34]他最后发现自己并不喜欢高空跳伞，而且没有再跳一次的欲望，但他预料到了他的意志可能会摇摆，并成功剔除了其影响。对温特来说，如果最后牵扯到了意志力，你就没有充分地黑入你的动机系统。这正是"蜜蜂护卫"为费洛斯和温特这样的人提供服务的目的。人们可以作弊、伪造他们的数据来逃避罚款，但"蜜蜂护卫"的用户们是自行选择这么做的：他们不想搞乱自己的追踪数据——他们经常使用自动设备［比如"与物"（Withings）健康监测仪或者"健康比特"（Fitbit）］，而且他们还想继续从这项服务中受益。没错，当你没能达成目标时，"蜜蜂护卫"确实赚了钱，但正如"蜜蜂护卫"网站上所说的："我们让你少失败了一点！"[35]

"鼠斗"般的激烈竞争

尼克·温特一周工作了120小时，这是否预示着一个令人不安的未来即将到来？他的疯狂一周是一名完全独立自主的黑客进行的一项个人挑战，但这对别人来说可能意味着什么？他在自己身上测试了提高动机的黑客技巧，但如果雇主们也开始期待其员工能表现出狂热的工作意愿呢，如果员工们又要被迫相互竞争呢？这让人禁不住想到遭囚禁的老鼠在迷宫中奔跑的场景。

"鼠斗"般的激烈竞争，这一概念来自20世纪初的心理学实验。1929年左右，罗伯特·特莱恩（Robert Tryon）和他的学生们将一群形形色色的啮齿动物繁殖出了两个血统，分别是"聪明"和"迟钝"的迷宫跑者。他们让那些成功避开已经走过的死胡同的啮齿动物杂交繁殖，也让那些表现得不太好的这么做了。在一项研究中，特莱恩想要测试先天和养育的作用，于是他让一些迟钝的母亲抚养聪明的幼鼠，并让聪明的母亲抚养迟钝的幼鼠。数据差异十分显著：先天（基因）打败了养育（抚养）。[36]

几十年后，罗伯特·罗森塔尔（Robert Rosenthal）和一位同事偶然发现这不是一场双盲试验：特莱恩和他的学生知道哪些老鼠聪明、哪些老鼠迟钝。罗森塔尔让他的学生重现这一研究，他告诉他们由他来提供聪明和迟钝的老鼠。罗森塔尔确实是将老鼠随机地分配到了两个实验组中，但让人吃惊的是，结果依然显示，之前据说比较快的那组表现更好。他表示这是因为他的学生们的偏见影响了结果，或许是因为他们偏袒了那些据说比较聪明的老鼠。[37] 这和我之前提到过的重现性问题非常类似，并让我们得到了进一步的教训，看到了自我愚弄有多容易发生。

"鼠斗"一词早在 20 世纪 50 年代便出现在了流行文化中，指的是在一种无形的力量的敦促下，精疲力竭地追求成功。高效类黑客技巧是加快这一步伐的同谋吗？要回答这个问题，我们必须区分一下老鼠、竞争和导师。

人们抱怨资本主义这个迷宫的结构已经不是一天两天了。在其最近的形式中——不同的评论家分别将其称为后资本主义、新资本主义、数字资本主义和认知资本主义，自助类"补品"声称要平息焦虑，但从它们那里汲取的养料反倒不断在助长这份焦虑。这是米基·麦吉（Micki McGee）在她 2005 年关于美国自助文化的作品《自助股份有限公司》（Self-Help, Inc）中提出的观点。焦虑是"我们的文化有关自我的幻想"的产物，这个自我"超然于外、技艺精湛、理性、控制欲强，创造着无休无止并且无用的自我提升的可能性"。自助导师们在人们心中勾起了无尽的匮乏感，从而助长了这一焦虑，这一匮乏感让劳动者们"遭到了一种新的奴役：将他们引入了一个自我没有得到提升但却不断受到打击的循环"。[38]

虽然麦吉没有提到生活黑客，她所说的怀着自我提升幻想的人听上去却很符合生活黑客的形象。马特·托马斯在他的生活黑客批判史中做出了恰当的总结："在网络时代外溢的焦虑中，生活黑客被作为解决方案贡献了出来。"确切地说，它是一种"技术化了的自助形式"，我们力图在其中"使用技术主宰自我、用更少的物质凑合生活、忽视结构条件、忘却过去，不停地工作、工作、工作，好让自己像出色的小机器人一样高效"。[39] 对评论家们而言，动机黑客只是机械流水线上的又一个工作台。而导师们对更高的效能和更高的效率的承诺，只会催生出越来越多的苦行和奴役。[40]

现代生活充满了挑战与不公。我们也确实生活在一个充满了竞争焦虑的时代。对此，我们可能会灰心丧气或愤世嫉俗，可能会理出一个在局部适用的解决办法，也可能会创造出一个全面的替代方案。虽说导师们卖的书都在告诉你如何在竞争中取胜，但大部分生活黑客分享的只是普遍问题的局部解决办法。绝大多数人最终会意识到"高效色情"和"过程的爱抚"的危害。许多生活黑客都承认生活和工作的平衡的重要性——虽然对他们来说，平衡生活和工作也只是在 App 上追踪和社交和亲密关系有关的任务的完成情况，就像温特那样。甚至已经有人开始为当前的社会系统寻找替代方案，不过他们的方法往往有点牵强和"高科技"，比如用比特币来发放全民基本收入。

诚然，数字时代使得黑客精神有机会得以实现，并给予了其回报，人们之后或许会将黑客精神视为通往成功的正常道路。到那时，如果你没有黑入你的动机系统，那你就落后了。因此，生活黑客技术是否真的有用，这条路是否适用于所有人，是否存在更有影响力的解决方法——这些问题就显得相当重要了。然而，我们很难苛责那些试图奋力跟上这场激烈竞争的人，尤其当竞争的场地恰好是他们热衷于穿梭其中的迷宫的时候。

温特确实走向了一个极端。对一些人来说，这是看待这个世

界、生活在这个世界上最自然不过的方式。如果他想挑战自己跳
下飞机，那就跳吧。而且温特喜欢工作，喜欢写代码。他也承认
大部分人没那么喜欢工作，但"如果他们用自己喜欢做的事填满
整整一周的日程，他们中的大部分人或许就会爱上工作"（毕竟，
每周工作 4 小时的真正目标是把时间花在你觉得重要的事情上）。
即便似乎"享受这样的事有点奇怪、不太常见……但确实有人享
受那种疯狂工作时全神贯注的感觉……无论是一周还是只是一个
周末"。[41]"蜜蜂护卫"的联合创始人贝萨妮·索尔也是这样的人，
她趁着丈夫和合作伙伴带着孩子去加拿大一周的机会，效仿了温
特的"疯狂一周"，并发布了她自己的缩时视频。虽然她的这一周
不如温特那般"伟大"，索尔说她"这一周里做了许多事，比我一
般的工作周更享受，我想要再次尝试。如果夏天可以和丹尼实验
更多非常规的工作安排，那就太好了。或许我会用几周繁重的工
作来交换几周假期，诸如此类的"。[42]

温特和索尔都是很享受工作的聪明的创业者，对他们来说，
高效类黑客技巧是一种提升工作满意度和灵活度的方法。然而，
在其最佳状态，或者说"疯狂的"状态中，黑客们也必须注意让
亲密关系和家庭义务能与工作共存。我们在上一章中看到，即便
多相睡眠可以让我们在一天中拥有更多时间，其时间安排却很难
和更大的社会环境相融合。类似的，提高工作效率，尤其是为了
追求物质成功而提高工作效率，一不小心就可能会导致生活失衡，
让人筋疲力尽——而这正是下一章的主题之一。

4

物质黑客

　　黑客们追求捷径，这些捷径有时候会通往不同寻常的结局。比如泰南，他选择了一条不同于多数人的道路：大学辍学生、职业赌徒、搭讪艺术家、软件开发者、作家。他学会了使用德沃夏克键盘，并两度尝试多相睡眠。尽管生活节俭，他却会把 5 美分和 1 美分的硬币扔掉。反正一年到头也损失不了几美元，他不想这么麻烦。

　　泰南也喜欢旅行，他在"有轮子的家"里住了好几年。他在《生活流浪者》和《最小的豪宅：如何在路边过豪华的生活》两本书中谈到了他的生活哲学与实践。前一本书探讨了房车里的生活哲学："从本质上看，极简主义即从过量中解放出来，几乎没有比住在不到 10 平方米的汽车里更简单的生活方式了。和房租、持家、打扫、吸尘以及装潢有关的心理包袱全都消失了。"[1]在《最小的豪宅》中，泰南谈到了住在房车里的现实，比如使用水电、扔垃圾等。他也常常被问到这样的生活方式是否会妨碍他约会："我的一个建议是事先（向约会对象）说明你不是因为走投无路才住在房车里，相反，你主动选择了这种充满自由的极简主义生活方式。"[2]

用让人信服的方式向别人以及我们自己讲述关于我们生活的故事，这赋予我们的生活以意义——对生活黑客以及他们和其财物的关系来说尤为如此。当戴维·艾伦在《搞定》中谈到解决"杂事"时，他指的是占据我们心神的未竟任务。有形的物质也会占据我们的心神。获得财物和保留财物都要耗费心力，无论你多么高效、多么有条理。于是，一些生活黑客开始奉行极简主义，他们缩减自己的财物，只留下生活必需品。技术进一步解放了他们，让他们得以成为数字流浪者，无论去哪儿，生活黑客都会随身带着工作、社交网络和娱乐方式。

当生活黑客谈论他们和物质的关系的时候，他们会说起必要的装备，也会聊到他们是如何丢弃除此之外的所有东西的。这些谈话常常和禅有关。这个富有魔力的词意味着简洁和干净的美学，史蒂夫·乔布斯（Steve Jobs）在苹果产品中把这一美学观念发扬光大。乔布斯在年轻时透彻地学习了佛学。虽然他并不以慈悲闻名，也和无我相距甚远，但禅确实符合他的美学观念［乔布斯有一张有名的照片，照片里，年轻时候的他盘腿坐在地板上，旁边是一盏蒂芙尼（Tiffany）落地灯，这是他几乎空无一物的家里唯一值钱的家具］。大部分生活黑客都对苹果的美学和产品青睐有加，这在很多人意料之中。"43 文件夹""禅意习惯"和"极简苹果电脑"（Minimal Mac）这些博客上有成打的关于苹果电脑的帖子。泰南是这一"迷弟"规律的一个引人注目的例外——但即便如此，他在 2012 年还是选择了华硕"禅书"尊享版（Asus Zenbook Prime）作为他的笔记本电脑。

虽说上述对禅的引用略显肤浅，但它还是印证了生活黑客技巧不仅仅是简单的诀窍和窍门。黑客精神告诉我们黑客是如何理解、如何解决诸如物质满足之类的更大的议题的，黑客们也很乐于同别人分享他们的建议和哲学。我们可以从他们的故事以及他们提出的问题中了解当代生活的许多方面。例如，在一个贫富不均、一部分人的选择极其有限的社会中，选择"自在的极简主义生活方式"意味着什么？为了回答这个问题，我们先来了解一下生活黑客的文化史。

装备清单和《全球概览》

如果你依赖于某几样东西，那这几样东西应当靠得住——这是极简主义的原则之一。正如泰南在《生活流浪者》中写到的，"若要享受这个美妙世界能提供给你的东西，最好的办法是进行为数不多但高质量的消费"。[3]谈及他们同物品的关系时，生活黑客们一再说起的是他们对好装备的追求。例如，"生活黑客"网站上会展示塞满了好东西的背包和写字台，黑客个人也乐于贴出他们的装备清单。泰南从 2008 年开始就一直在这么做——他常常吹捧羊毛衣物到底有多好。

发布在网络上的装备清单有一个常用格式。每件物品都配有图片和个人使用评价。有的清单会在结尾附上所有东西依次排列在一起的照片，以及一张所有东西都收拾完毕后的照片。清单作者凭附在清单上的亚马逊购买链接的点击数量来收取推荐佣金。泰南的清单非常出色："我推荐的每件东西都一定是同类产品中最棒的，否则我也不会用它们。”[4]

　　虽说装备清单是在网络这一平台掀起波澜的，它在历史上也存在先例。亨利·戴维·梭罗（Henry David Thoreau）在《瓦尔登湖》（*Walden*，1854 年）中给出了他实验简单生活期间所使用的物资和食品清单——这使他成为生活黑客们最拥戴的人之一。[5]在他购买和捡来的东西中，梭罗为搭小屋用的木板支付了 8.03 美元（又半美分）。这些木板来自一个流动铁路工人的简陋小屋，并被二次利用。泰南从没有提到过《瓦尔登湖》，但他的论述和梭罗非常类似。泰南花了大约两万美元购买了一台 1995 年的里亚尔塔（Rialta）房车，并从价值 200 美元的整块花岗岩板上切割了一块下来，为车子装配工作台面。在梭罗和泰南的翻新工程中，他们并不在意（内饰）奢华与否。他们寻求的是价值，而二手物品和辛勤的劳动是获得价值的最好来源。

　　装备清单更晚近一些的先驱是首版于 1968 年的《全球概览》（*Whole Earth Catalog*）。这套杂志为寻求自给自足和更远大图景的人推荐工具和图书。其出版商斯图尔特·布兰德（Stewart Brand）曾在斯坦福大学学习生物学，也在美国陆军中服过役。他对世界的看法非常有意思。在出版这套杂志的前几年里，布兰德一直在四处奔走，希望美国国家航空航天局（NASA）能发布一张从太空拍摄的地球照片〔这样的照片将向我们展示人类（和自然之间）相互依存的关系〕。当 NASA 最终同意这么做的时候，布兰德把这张照片用于杂志的封面，并将其视作幸运符。

　　除了在网上浏览《全球概览》的电子版以外，阅读弗雷德·特纳（Fred Turner）撰写的《从反主流文化到赛博文化：斯图尔特·布兰德、全球概览和数字乌托邦的崛起》（*From Counterculture to Cyberculture: Stewart Brand, the Whole Earth Network, and the Rise of Digital Utopianism*）可谓是欣赏布兰德的趣味的最佳方式。[6]特纳谈到了诺伯特·威纳（Norbert Wiener）的控制论、巴克敏斯特·富勒（Buckminster Fuller）的"综合设计师"、马歇尔·麦克卢汉（Marshall McLuhan）的"地球村"、USCO 艺术团体，以及在公路旅行途中的"快乐的恶作剧者"*。布兰德将其兼容并包的关注点塑造成了一种对人类进步的统合性愿景，并为这样的愿景创造出了空间，使其有可能成为现实。

尽管与反主流文化联系紧密，布兰德的观点却很清晰，他也对他作为一名步兵军官所学到的东西深以为然——无论是和士兵还是和嬉皮士打交道，你都要尽力而为。他能够辨认出新兴的潮流，也能够给予这些潮流发展的空间和凝聚力。凭着出色的组织能力，布兰德担当起了反主流文化创业者的角色，在 1966 年联合组织了旧金山的幻觉音乐节（Trips Festival）**。这场为期 3 天

---

* 诺伯特·维纳（1894 年—1964 年）：美国应用数学家，控制论的创始人，并创造了"控制论"（cybernetics）这个表述。控制论是研究动物和机器中的控制与通信的一般规律的学科。巴克敏斯特·富勒（1895 年—1983 年）：美国哲学家、建筑师及发明家。他描述的综合设计师是"艺术家、发明家、机械师、客观经济学家和进化战略家的新兴综合体"。马歇尔·麦克卢汉（1911 年—1980 年）：加拿大哲学家、教育家，首先提出了"地球村"的概念。USCO 是活跃于 20 世纪 60 年代的美国艺术团体，USCO 为"Us Company"（我们剧团）或"the Company of Us"的缩写。"快乐的恶作剧者"（Merry Pranksters）是美国作家、《飞跃疯人院》（*One Flew Over the Cuckoo's Nest*）的作者肯·凯西（Ken Kesey）的追随者，以 1964 年他们和凯西一起进行的一次长途公路旅行闻名。旅途中他们一路都在办派对、分发致幻剂。
** 肯·凯西 20 世纪 60 年代在旧金山举办的"迷幻药测试"（Acid Tests）系列派对之一。

的演出是嬉皮运动的第一次大型群体活动，以"感恩而死"乐队（Grateful Dead）、加了致幻剂的潘趣酒和光怪陆离的灯光秀为主打。上千人参加了这次音乐节。

《全球概览》是追寻别样生活方式的人——早在有人谈到生活方式设计之前——的另一片活动空间，一片在纸面上的空间。这套杂志的副标题是《获取工具》（*Access to Tools*），其准则是（工具是否）实用。东西应当有用、物有所值，它可以不为人所知，但要能通过邮购方便地买到。《全球概览》对外宣称的目标颇为宏大："我们如同众神，或许也终将对此习惯。"权力正在从正规的学校机构、教堂、企业和政府转移，个人现在可以"自己完成教育、找到自己的灵感、塑造自己的环境，和任何感兴趣的人分享他的奇遇"。[7]这里的个人听上去很像生活黑客。

虽然名为"概览"，《全球概览》不仅仅是一份装备清单。其中列举的东西往往是观念（最让50年前的布兰登着迷的是有关系统的观念）。在1968年和1972年间的每一期《全球概览》都有一个名为"理解完整系统"的版块——这也是如今的黑客的动机所在。《全球概览》的其他版块也很像"生活黑客"网站上的分类："避难所和土地使用""工业和工艺""通讯""社区""流浪者"以及"学习"。

生活黑客们和布兰德有着共同的信念，他们都相信观念是强大的工具。费里斯在《巨人的工具：亿万富翁、偶像和出类拔萃者的策略、常规和习惯》（*Tools of Titans: The Tactics, Routines, and Habits of Billionaires, Icons, and World Class Performers*）中写到"出类拔萃者没有超能力",不过,"他们为自己定下的规则让他们得以在一定程度上改变现实,有如具备超能力一般"。他许下的自助式诺言是:他笔下的巨人们"做到了,所以你也可以"。[8] 如果布兰德的读者在获得正确的工具后能变身为神,那么当费里斯的读者获得同样的工具时则会"化身"泰坦巨人——前奥林匹亚时代的神祇。虽然他们都热爱各种小装置,他们最有力的工具却是观念,尤其是那些有关系统和有助于利用系统的规则的观念。

"加州意识形态"和"炫酷工具"

斯图尔特·布兰德很早就认识到"计算机和计算机程序是工具",正如他在第一期《全球软件概览》(*Whole Earth Software Catalog*,1984 年)中写到的。[9] 最重要的是,个人计算机可以连成网络。1985 年,布兰德联合创建了"全球电子链接"(Whole Earth'Lectronic Link),这是一个旧金山地区的公告板系统。布兰德再度担当起了反主流文化创业者的角色。"全球电子链接"成了许多后来被称为**数字精英**——拥护网络革命的作家和创业者——的人的网络家园。然而,尽管将之称为一场革命,布兰德认为在互联网这片园地发生的是 20 世纪 60 年代的反主流文化运动的延续。在 1995 年他为《时代》(*Time*)杂志撰写的文章《一切都归功于嬉皮士》里,他宣称嬉皮士"不仅为不受任何人领导的网络、也为整场个人计算机革命"打下了"哲学基础"。[10] 不是所有嬉皮士都像布兰德一样热衷于计算机,但他认为他们的反威权主义和对相互依赖的系统的赞赏对随后发生的事情是至关重要的。

在 9 年后的 2004 年，这些哲学基础引来了两位欧洲学者的扼腕叹息。在一篇广受讨论的文章中，英国媒体理论家理查德·巴布鲁克（Richard Barbrook）和安迪·卡梅伦（Andy Cameron）警告道："一个由来自美国西海岸的作家、黑客、资本家和艺术家组成的松散联盟已经成功地为即将到来的信息时代定义了一种混杂着各种元素的正统观念。"他们将数字精英们的"加州意识形态"视为"控制论自由意志主义的反中央集权信条：一种嬉皮无政府主义和经济自由主义的奇怪杂糅，还掺杂着许多技术决定论的观点"。[11] 他们的文章是对这一意识形态的敏锐剖析，即便他们对寻找欧洲道路的呼声显得有些虚弱无力。

斯图尔特·布兰德充当了 20 世纪 60 年代反主流文化运动和 80 年代、90 年代赛博文化之间的桥梁，而凯文·凯利则将"加州意识形态"的火炬带入了新千年。凯利曾是《全球概览》及其系列出版物的编辑，他和布兰德一起组织了 1984 年的第一次"黑客大会"（Hackers Conference），并在次年推出了"全球电子链接"。凯利在 20 世纪 90 年代最为人所知的身份是《连线》杂志的执行编辑，他谈论复杂系统和新经济规则的著作也让他声名在外。工具、系统和规则，这些便是凯利论述的母题。

凯利身上有不少令人好奇的东西，比如他以技术发烧友著称的形象和他怀旧的胡子就有些格格不入——他只在下巴留了胡子，上唇没留。他相信人类文化和机器智能正在形成一种他称为"技术体"（technium）的超有机体，而他的胡子以及他对阿米什人*的兴趣似乎不该在一个有着这般信念的人身上出现。但凯利相信将阿米什人称为卢德分子**有失公允。尽管他们拒绝使用许多现代设备，他们依旧是"心灵手巧的黑客和修理匠，最后的 DIY 达人，而且对技术秉持出人意料的支持态度"。[12] 阿米什人对其和技术的关系有着审慎的思考，他们是使用可靠工具的极简主义者。

2000 年，凯利凭借"炫酷工具"（*Cool Tools*）——一种分享推荐的新方式——将《全球概览》的使命延续了下去。一开始，他只是通过邮件推荐"真的很好用"的工具；到 2003 年，他将阵地转移到了博客。10 年后，他的"炫酷工具"又衍生出了一本书和播客。"炫酷工具"征集对各种工具的评论，无论是真正的工具、厨房小设备还是有用的书。工具"只要美妙，就无所谓新旧"。网站的信条是"只发布我们喜欢的东西，不管其他"，并让用户只管"告诉我们你喜爱什么"。[13] 凯利是被他在《连线》杂志的同事马克·弗劳恩费尔德（Mark Frauenfelder）拉到"炫酷工具"的，后者也是"波音波音"（"一份美妙之物的指南"）的联合创始人以及《制作》杂志的创刊主编（提醒一下，生活黑客的创始人丹尼·奥布赖恩和默林·曼曾在 2005 年和 2006 年间在《制作》上开过一个专栏）。

凯利和弗劳恩费尔德对美妙之物和炫酷工具的兴趣在另一种体现"加州意识形态"的文化现象中进一步被贯彻，那就是"创

---

*阿米什人（Amish）是基督新教再洗礼派门诺会信徒，通常被认为拒绝使用现代科技。
**卢德分子（Luddite）是 19 世纪英国民间反对工业革命的社会运动者。

客"文化。热衷于"创客"文化的艺术家、黑客和手工艺者会互相分享他们对有用之物的创造和乐趣。他们通过网络、出版物或制汇节（Maker Faire）——一个艺术家、建造者、公民科学家、黑客和表演者的集会——进行分享。创客使用他们的炫酷工具创造美妙之物。

凯利将这一切，尤其是生活黑客，视为一种遗产的组成部分："《全球概览》从 1968 年就开始鼓吹黑客／设计师的生活方式，比生活黑客成为常态早了好几十年。那些杂志组成了一个纸上数据库，提供了上千种黑客技巧、窍门、工具、建议和能完善你生活的选择。"凯利后来还联合创建了"量化生活"（QS），这也是本书下一章的主题之一。对于技术和系统，他依旧坚定地保持着乐观的看法。凯利长期置顶的推特是："从长远来看，未来掌握在乐观主义者手中。"[14]

凯利和 20 世纪 60 年代的反主流文化、80 年代和 90 年代的赛博文化以及如今的黑客之间有着千丝万缕的联系，他的乐观主义便是其中一条线索。世界由系统构成，你在系统内部利用工具行动，这是自始至终往复出现的主题。按照这一观点，当发烧友们被赋予了合适的工具，并且可以免受体制的干扰，他们就能够决定未来。正如我们在第一章中看到的，生活黑客现象是美国自助文化的延续，它歌颂个人主义、实用主义和创业精神的价值观。现在我们则能够看到，生活黑客现象也是"加州意识形态"的一种体现，是其偏系统化的那面。

即便如此，许多生活黑客对这一历史渊源却不甚了解。虽然费里斯在童年时期读过《全球概览》，还曾经带着《瓦尔登湖》旅行，凯利也经常作为嘉宾上他的播客，但并没有什么证据表明其他生活黑客也有这种认识，尤其是生活黑客的普通爱好者。但踏上一条道路并不需要了解这条道路的所有历史转向。黑客是一种文化，也有它的敏感性。吸引生活黑客的是一条技术和制造的道路，一条优化和乐观的道路。

"有创业头脑、受过良好教育的白人男性"

特纳在讲述《全球概览》的发展史时曾提到其受众是"有创业头脑、受过良好教育的白人男性"。虽然这套杂志宣扬自给自足和社区概念，却"对性别、种族和阶级避而不谈，只是空谈个人和小群体赋权"。[15] 马特·托马斯没有在其评论中提到《全球概览》，但他对生活黑客现象却持有相似的观点。具体说来，极简主义是一种"确凿无疑的男性消费风格"，衍生自年轻白人男性的社会经济焦虑。[16]

这些宽泛的描述确实没错，但黑客的历史里也包括其他类型的参与者，只不过他们常常会被忽略。因为优秀的生活黑客总是把那些与他们相像的人视作英雄，并将这些人塑造得尽善尽美。与此同时，他们却对其他生活黑客的故事浑然不知。幸运的是，我们可以用3则简短的编外故事来稍稍弥补这一缺憾。

*

我曾在前面的章节中提到，高效黑客和本杰明·富兰克林都没有注意到高效其实有赖于其他人易受忽视的工作。而在本章中，我们谈到了又一位生活黑客英雄：亨利·戴维·梭罗。这几个人的相似之处再度令人咋舌。梭罗是一位家境并不富裕的年轻人，他想要尝试简单的生活方式。他在朋友拉尔夫·沃尔多·爱默生（Ralph Waldo Emerson）的土地上进行了为期两年两个月零两天的实验（如果他现在还活着，或许会以"2-2-2挑战"为题将他的实验发布在博客上）。梭罗把自己的经历详细地写了下来，包括他为数不多的几样生活必需品、屈指可数的花费以及对在瓦尔登湖边的小木屋中生活的沉思。就这样，梭罗被称为是整理者始祖和最初的极简主义者。[17]

　　然而，凯瑟琳·舒尔茨（Kathryn Schulz）在其发表在《纽约客》上的文章中问道："梭罗伪善、装腔作势又厌世，为什么还是为人称道？"瓦尔登湖其实并不偏远——附近不远就有铁路。事实上，梭罗是从一名在铁路上工作的爱尔兰移民的家里买来了他建小屋用的窗户和木板，他将这名工人的家称为"肥料堆"。这家人并非是出于自我选择才活得如此简朴，而是迫不得已。另外，舒尔茨还认为梭罗在他的极简主义生活中作了弊。康科德（Concord）距离瓦尔登湖只有20分钟的步行路程，梭罗每周要去好几次，"在他母亲做的饼干或者和朋友一起进餐的机会的诱惑下"。他的母亲和姊妹每周都会去看他，通常都会带着食物。他"尽管事无巨细、一丝不苟地详细记录着他的饮食习惯和生活开支"，却将这些事实草草带过。梭罗从未结婚，结束在瓦尔登湖边的生活后，他一直住在父母的寄宿公寓里。舒尔茨认为《瓦尔登湖》读起来像是《每周工作4小时》和加尔文式说教的综合体：

"梭罗贬低劳动，赞美闲暇，声称只需几天就能赚到一个月的生活费，但一转眼又写下了'努力让人收获智慧和纯洁，懒惰让人无知并耽于声色'。"[18]

和舒尔茨相反，也有人为梭罗辩护。[19]他付房租给父母，就算女人们替他洗衣服，他也帮忙养家，再说那个年代的劳动分工就是如此。他反对战争，也反对对印第安人和美国黑人的压迫及奴役。梭罗的实验必须有坚定的决心才能完成，而且他的写作既富有思想又充满技巧。

即便如此，当我们试图夸大我们同过去时代的英雄的联系时，我们不应该对他们的弱点置若罔闻；或者，至少不要忘记他们所处时代的偏见。我们很快就会看到享有特权的极简主义者们受到的批评，而梭罗的例子也可以作为佐证。当我们把焦点都放在那些主动选择简朴生活的人身上的时候，便很容易对那些迫不得已过着简朴生活的人的技能和故事视而不见。

*

在《全球概览》之前，还有另一份以黑客和制造者为主题的出版物——始于 20 世纪 50 年代的《图米二世》期刊（*Toomey J Gazette*）。许多残疾人士在这本杂志上分享他们让产品使用起来能更方便的 DIY 黑客技巧。在 1968 年出版的杂志中，家政版的编辑刊登了选自"烹饪的四肢瘫痪者"调查的上百条诀窍，这些诀窍对"许多残疾没有那么严重的人士"也同样适用，比如用勺子操作水龙头（见图 4-1），或者在碗下面放一块湿的洗碗布，好让碗在搅拌时不会乱动。[20]之后的杂志继续展示了这群活跃在家庭自动化和远程教育、工作最前沿的黑客的风采。20 世纪 80 年代，诗人兼作家马克·奥布赖恩（Mark O'Brien）作为负责残疾人士版块的编辑参与了若干期《全球概览》杂志的出版，于是这一群体开始得到更广泛的认可。认识到这一点有助于我们更好地了解生活黑客的发展史，并能拓宽我们对黑客形象的认知。这样的认可也能增进社群间对有用的黑客技巧的相互交流，促进其进一步发展。

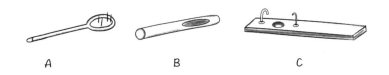

- "我敲打水龙头手柄来打开水龙头。"
- "我贴着水槽挪动手指来够到水龙头。"
- "我用长柄的小锤子开关水龙头。"
- "我用的是勺体带四颗钉子的长木勺（A）并用电工用的绝缘胶带把钉子包住。"
- 英国人的小册子给出了自制的和外面卖的水龙头旋转器样式。
  （B）在圆柱形木块上削出一个凹槽，适用于单柄水龙头。
  （C）用一段木板、一个钻孔、两个挂杯钩做成的水龙头旋转器。

图 4-1

Gini Laurie, "Homemaking Problems & Solutions," 1968, *Toomey J Gazette*.

经 "小儿麻痹症康复者国际健康组织"（Post-Polio Health International）授权使用

有些人是由于身处社会主流之外而受到忽视。除此之外，"挪用"的问题同样值得我们关注。受人瞩目的创新常常借由高科技和男性特质的包装而击败其先驱。正如一位尖锐的专栏作者对 2017 年旧金山湾区兴起的共居潮的评论：技术创业者往往会"找到一项已经存在的服务、将其归为己有，然后宣称它是自己的

'重新发明'"。[21] 类似的,一句无意间被人听到的评论——被发布在推特上并被多次转载——说"(旧金山的)技术文化主要是在解决一个问题:我妈不再替我做的事有哪些?"[22] 其中之一就是不再为你提供食物。而当黑客想出代餐的主意时,他们被奉为创新技术的发明者。但他们受到的这种关注却引起了有些人的质疑。

当跑科技新闻的记者内莉·鲍伊斯(Nellie Bowies)试图向她母亲解释什么是"双豆餐"(Soylent)* 的时候,她的母亲问道:"哦,你是说(代餐食品)'瘦得快'(SlimFast)?"鲍伊斯说:

> 我予以否认。不是的,"双豆餐"的技术含量更高,我解释道,而且很对我口味。它被贴上了极简主义的标签,而且像软件一样可以更新迭代(目前是"双豆餐"2.0)。其创始者是一名年轻的白人男性,他赋予了"双豆餐"一种高大上的理念,把它和更广泛的生活效率类主题联系在了一起。他承诺将我们从食物的牢笼中解救出来,并凭着这样的承诺募集到了两千万美元的风险投资。[23]

然而,经过思考之后,鲍伊斯认为硅谷的大部分食品创新"只是将女性已经做了几十年的事情重新包装了一下。'双豆餐'和'瘦得快'并没有本质上的区别,但是'瘦得快'低俗、滑稽,

---

* 1966 年的科幻小说《腾地方!腾地方!》(*Make Room! Make Room!*)中提到了一种叫作"Soylent"的食品,其原料是大豆和小扁豆。

还有点可悲，'双豆餐'既酷又前卫，异常高效。而且，关键词来了：有创意"。"双豆餐"的发明者称其公司并不以药用为目标。"瘦得快"的营养不全面，"双豆餐"则相反，它可以作为营养全面的早餐或午餐替代食用，不贵又方便。[24] 这或许也不假。我认识使用"双豆餐"、为其发推特和博客的男性，却从没见过为"瘦得快"摇旗呐喊的男性。

*

凯文·凯利始终在搜寻有用的工具。2008 年，他连同伙伴合作发起了一场运动，旨在寻找"可以帮助我们观察、了解身体和心灵的工具"。[25] 他们创建了"量化自我"（QS），好让这些工具的创造者和使用者"通过数字更好地认识自己"。5 年后，旧金山的一位设计师阿梅莉亚·格林哈尔（Amelia Greenhall）召集了首次面向女性的交流会 QSXX。召集这次交流会是为了提供"一个空间，让我们可以畅谈专属于女性的有趣的 QS 话题"。格林哈尔在大学时期主修电气工程，她在攻读公共健康硕士时接触到了 QS。她用"找到同类的时刻"来向我描述她第一次参加 QS 集会的经历，集会之后不到一年，她便开始自己组织交流会。[26]

格林哈尔注意到在交流会之后，总是会有女性过来问她是不是有专门讨论女性健康问题的空间。这提醒了格林哈尔，于是她展开了调查："网络上有 500 个'展示和演讲'类的视频，但我连一个关于例假的视频都没找到。女性或许已经习惯追踪自己的例假周期，噢对，差不多有十万年左右的时间了。"[27] 于是她在2013 年组织了"旧金山 QSXX"，之后有波士顿和纽约的团体效仿了

这场活动。在 QSXX 这个空间里，女性实践者和女性学者的角色
要比在生活黑客这个整体中更加突出。这部分归功于她们为了让
自己在自我追踪领域内的长久利益和悠久历史得到认可而付出的
努力。

尽管获得了这样一份关注，女性还是在继续受到忽视。苹果
公司在 2014 年预告了其健康应用后，格林哈尔等人就自我追踪类
应用如何忽视女性的需要接受了采访。苹果的应用可以追踪皮肤
电反应、卡路里和钙的摄取、心率和呼吸频率，但却不能追踪月
经。格林哈尔阐述道："风险投资的钱几乎无一例外地给了白人男
性，而白人男性听到的始终是同一条忠告：'从你自己的需要出发
去寻找创意'。"[28] 因此，产品最终往往囿于刻板印象，把问题想
得过于简单。例如，格林哈尔提到不是所有的女性都想要减轻体
重，也有想要增加或者维持体重的女性，但很多产品不是这样考
虑的。另外，出于安全考虑，女性并没有那么热衷于向世界分享
自己的位置信息、体重和睡眠数据。QSXX 确保了那些没有将自己
认同为男性的自我追踪者也能拥有一片天地。

也有人最终意识到，那层高科技光辉所彰显的价值观其实并
不友好，于是他们选择远离。例如，一位工程学教授在《大西洋》
（ *The Atlantic* ）杂志上的一篇文章中谈到了她为何不再将自己看作
是制造者："制造在文化层面，尤其是在技术文化层面有一种优越
性，即制造本质上高于不制造，高于修理、分析，尤其高于照料
别人。这种文化优越性受到了对传统制造者——特别是那些为世界，
而不是仅仅为家庭生活制造的人——的性别化刻板印象的影响。"[29]

其造成的结果就是，黑客史话中的主流黑客形象会不断自我复制下去。

从多到极少

要说自己和物品的关系，生活黑客们会讲这样两个故事。第一个故事是他们觉得必要的装备和工具；第二个故事则是他们如何丢弃了除此之外的所有一切。乔舒亚·米尔伯恩（Joshua Millburn）和瑞安·尼科迪默斯（Ryan Nicodemus）这对朋友便是第二个故事的传道者。他们在 30 岁的时候事业有成，却持续地感受到一种"无法排解的不满"：

> 我们拥有一切本该让我们感到快乐的东西：6 位数工资的好工作、豪车、大得不像话的房子以及各种各样的东西，可以填满我们受消费驱动的生活方式的每一个角落。然而，尽管拥有那么多的东西，我们对生活却不太满意。我们并不快乐。我们感到一种巨大的空虚，每周工作 70—80 个小时，却只是为了买更多的东西（还是无法填满空虚）——这带来的仅仅是更多的债务、压力、焦虑、恐惧、孤独、负疚、崩溃感和抑郁。更糟的是，我们没法控制我们自己的时间，因此也没法控制自己的生活。于是，我们在 2010 年用极简主义原则拿回了控制权，仅仅关注真正重要的东西。[30]

4 物质黑客 ‖ 125

　　他们的博客"极简主义者"（The Minimalists）相当受欢迎，于是在次年，他们辞去了工作，并出版了《极简主义：过有意义的生活》（*Minimalism: Live a Meaningful Life*），之后还满世界地做新书巡回宣传。他们为有意追随他们道路的人提供个别指导和网络写作课程。2012 年，他们搬到了蒙大拿州（Montana）的一间山中小屋——过"带无线网络的梭罗式生活"。[31] 他们曾一度在媒体引发轰动，可以借由作家们梦寐以求的渠道讲述他们的故事。每一代人都（通过他们的故事）收获了自己的体悟。对在网络上成长起来的那代人来说，米尔伯恩和尼科迪默斯发现了他们的一个"近"敌：如果最终目标是获得满足感，那就不能指望物质财富。

　　宣称对生活感到不满，进而推出博客，并试图充分利用这些展开自助类写作的职业生涯——米尔伯恩和尼科迪默斯并不是他们这代人中最先这么做的人。利奥·巴博塔（Leo Babauta）在 2007 年年初创建了"禅意习惯"（Zen Habits），主要发布效率类内容。他还在同年末推出了电子书《禅意方法帮你搞定：终极简单的高效系统》（*Zen to Done: The Ultimate Simple Productivity System*）。2009 年，就在"禅意习惯"如日中天的时候，他又开了一个新的博客"极简清单"（Mnmlist），之后也推出了同系列的书。几年后，他建议"禅意习惯"的读者们"丢开工作效率"：在一艘正在沉没的船上整理躺椅毫无意义——让事情变得简单点，直接把躺椅丢下船去。[32] 从中我们可以清楚地看到他从效率黑客到极简主义者的转变。他从没停止在"禅意习惯"上写博客，但他的重心变了，他在 2009 年到 2011 年间发布在"极简清单"上的许多帖子也同大众对极简主义的强烈兴趣相吻合。

科林·赖特（Colin Wright）的生活同样在这一时期发生了转变：他从每周工作 100 个小时摇身一变，成了拥有不到 100 件东西的极简主义者。他在博客"流亡式生活"（Exile Lifestyle）上讲述了他的新生活，并出版了以极简主义和旅行为主题的亚马逊 Kindle 畅销书。[33] 戴夫·布鲁诺（Dave Bruno）将他的博客"百物挑战"（The 100 Thing Challenge）上的内容结集成书，在 2010 年出版。这本书讲述的是"我如何几乎扔掉了一切、重塑生活并重获灵魂"。[34] 这个关于危机、关于重获灵魂以及投身改变的故事并没有什么特别之处。丽塔·霍尔特（Rita Holt）的电子书讲述了极简主义，以及她如何在痛哭流涕中崩溃，并从此与她憎恨的生活方式决裂。当她最终意识到"时不可待"时，她辞掉了工作，投身到了极简主义的改变中，并邀请读者在推特上关注她的旅行动态。[35]

计数流浪者和心动整理法

在过去，当我想到手工活、生活方式、家居小技巧，"赫洛伊丝的建议"便会立即跃入脑海。然而生活黑客却镀着一层高科技的金，闪耀着男性的光芒。那么，极简主义导师们比之于传统的家居建议来源、比之于近藤麻理惠（Marie Kondo）的女性家居生活会如何呢？2011 年，近藤出版了一本讲述她的心动整理法（KonMari）的书。她建议上百万日本人丢掉所有不再带来愉悦感的东西。[36] 该书的英文版出版于 2014 年，尽管近藤不说英语，她却受到了比米尔伯恩和尼科迪默斯更多的媒体关注。极简主义者和近藤在整理手头的东西这件事上显然有着共同的理念。他们的出现也是大众对物质主义和囤积普遍感到不满的结果。但极简主义者要更加极客，这倒也不奇怪。他们对计数、挑战和旅行表现出了浓厚的兴趣。

极简主义者喜欢将他们的所有物罗列出来，这一点在他们的故事里格外醒目。戴夫·布鲁诺和"百物挑战"是其中最突出的例子。《动机黑客》的作者尼克·温特有 99 件东西，《成为极简主义者的艺术》（*The Art of Being Minimalist*）的作者埃弗里特·博格（Everett Bogue）则只拥有 50 件，不过他之后坦承需要再添置几件东西。"痴迷更少"（Cult of Less）的博主凯利·萨顿（Kelly Sutton）则换了个玩法：他的目标是把他的生活压缩到两个箱子和两个袋子里。把所有物减到最少的过程本身就是一个吸引人的故事。泰南拟定了一份什么该留、什么该卖、什么该扔、什么该送的规程。他利用"克雷格列表"完成了送东西这步。他在该网站上发布了一个广告，称他家里的所有东西都可以免费拿走。[37]

这些男性都在旧金山住过，他们的工作都是和计算机打交道，尽管极简主义并不是他们的专属领域。根据黑人极简主义者依兰达·阿克里（Ylanda Acree）*的同名博客上的消息，她正在"从重视文化的角度出发（为）简单生活"打造一个国际化社区。[38] 考特妮·卡弗（Courtney Carver）的"333 计划"向其博客"简约的丰

---

* 原文为 Ylanda Acree，但实际上这位黑人极简主义者名为约兰达·阿克里（Yolanda Acree）。

盛"(Be More with Less)的读者发起了挑战,"3个月内只使用33件或者更少的物品和穿搭"。在一篇题为《女性也可以成为极简主义者》的帖子中,卡弗着重介绍了另外8位女性极简主义者,其中包括一位参加了"微型房屋运动"*的先锋,她的清单上只有97件东西。[39] 极简主义的形态并不是只有这么一种,但男性和喜欢计算其所有物数量的人确实是其中的大多数。

近藤不介意你有多少东西,只要这些东西都能带来愉悦,并且被收纳得整整齐齐。极简主义者用计数和丢弃的方式处理他们手头的东西,近藤则带着万物有灵的审慎来对待它们。物品也渴望变得有用,获得告别这一仪式也会让它们感到满足。近藤同物品的关系更加像是人和人之间的关系,但除此之外,她的魅力或许还在于她殚精竭虑、富有洞察力的故事。近藤从儿时起便对整理特别着迷,这对她产生了一些负面影响。一天,她"精神崩溃,晕倒了"。两个小时以后,"当我醒过来的时候,我听到一个神秘的声音,好像是什么收纳的神明让我再好好看看我的东西"。[40] 那个声音让她关注她要留下的东西,而不是那些她要扔掉的东西。于是心动整理法诞生了。经常出现的性别不平衡问题也是近藤和其他导师之间的差别之一:极简主义者通常是男性,而近藤的拥趸往往是女性。而且,许多极简主义者都非常痴迷于旅行,这点也跟近藤不太一样。

凯文·凯利将自己归类为极简主义者,他在几十年前就开

---

* 倡导在小房子中简单生活的社会运动。

始了他的环球旅行，那时候还没有数字流浪生活这么一回事。想一想"巴甫洛克"电击手环的发明者马尼什·塞西，他在只带着一个背包环球旅行的时候，计划在奇异动物的背上做俯卧撑。蒂姆·费里斯旅行了 18 个月，几乎什么都没带，不过他带了两本书——梭罗的《瓦尔登湖》和罗尔夫·波特（Rolf Pott）的《浪游》（*Vagabonding*）。在更近的 2017 年，他和凯利一起旅行穿越了乌兹别克斯坦。利奥·巴博塔经常在"禅意习惯"上发布有关轻旅行的帖子，以及如何在旅行期间保持良好的习惯和健康。他也描写和家人一起进行的旅行，虽然不太寻常，但这是一个受欢迎的转变。丽塔·霍尔特在开始她极简主义改变的环球旅行时，请她的博客读者在推特上关注她的旅行动态。科林·赖特让"流亡式生活"的读者投票决定他将在接下来的 4 个月里住在哪个国家。

比起这些极简主义者，泰南有过之而无不及。在将近 10 年的时间里，他从来不在任何地方驻留太久，并将一辆房车称为家。他堪称是"生活流浪者"的典范。2016 年，泰南卖了他的房车，但仍然在游轮和他的其他落脚点轮流居住，其中包括他和朋友们一起在新斯科舍（Nova Scotia）*买下的那座岛。他写道，所有这些现在对他来说都已经很平常了，无论在布达佩斯、拉斯维加斯、纽约、旧金山还是东京，他都感觉像在家一样自在。因为泰南的大部分朋友都有着类似的生活方式，他可能在号称是他们的家的地方见到他们，也可能在上述那些城市见到他们。

---

* 加拿大东南的省份。

简而言之，由多到极少的故事是关于自由的故事，总是隐含着一些让人心醉神迷的韵味。在物质成功的陷阱下，传统的道路往往会引起危机。在不满和崩溃之后，随之而来的是觉醒。丢掉你的职业和财物，像一名极简主义传教士一样写作并周游世界吧。

关于物质的两难困境

2009 年到 2011 年正值极简主义的黄金时代，许多生活黑客，尤其是那些设法成为环游世界的作家的黑客，都在这一时期讲述了他们由多到极少的故事。但极简主义的故事最终还是变得老套了起来。

在极简主义导师中，格雷厄姆·希尔（Graham Hill）并没有什么很特别的地方。他是一名年少得志的技术型创业者，投资了 20 世纪 90 年代的网页设计咨询公司和 21 世纪初的著名博客"抱树人"（TreeHugger），他把两者都卖了一个好价钱。他曾经在西雅图有一套 334 平方米的房子，在曼哈顿有一套 177 平方米的公寓，他觉得自己必须将这两套房子用东西填满。不足为奇的是，他的生活开始愈趋复杂："我占有的东西最后反过来侵蚀了我。我的情况比较特殊（不是所有人都能在 30 岁前靠互联网发一笔横财），但我和物质的关系并不特殊。"当女朋友的签证到期的时候，希尔顿悟的时刻也降临了。他随她一起回到了巴塞罗那。在巴塞罗那，他们住在一间小公寓里，"非常满足，非常相爱，然后我们意识到我们并没有什么特别的理由一定要留在西班牙。于是我们收拾了几件衣服、一些洗漱用品和几台笔记本，然后就上路了。我们在曼谷、布宜诺斯艾利斯住过，也在多伦多住过，中间还去了许多其他地方"。旅途中，他丢掉了"所有我囤积的不是必需的东西"，开始"用更少的东西过一种更重要、更优质、更富有的生活"。[41]

2013 年，希尔在《纽约时报》的"周日评论"版上分享了他的故事。除了他自己的经历，他还列举了有关美国人的消费、生产的垃圾和造成的污染的罪恶数据。希尔在文章的最后写到他将继续做一名连续创业者，近期他还在为那些同样关心自己的自由和环境影响的人设计小型住宅。我相信他所期待的是喝彩：希尔很成功，但一直生活在压力之中。当他找到了生活得更好的方法，他想要帮助别人也得到更好的生活。然而，希尔的时机、财富和语调却为他招致了批评。

人们对极简主义产生了厌倦，这并不难理解。不是所有人都想住在一家苹果店里。极简主义是一种相对枯燥的美学，而创造力有时需要一点混乱。极简主义者非常极端，人们最初只是对之感到好奇，而这份好奇最终变成了反感。另外，公众也对极简主义者，尤其同时还是百万富翁的极简主义者失去了耐心。极简主义者可能很爱说教，而沾沾自喜的说教实在有些烦人。或许极简主义并不是什么高尚的哲学，而只不过是人格缺陷或者某种妄想？托马斯认为数字极简主义是在不安全感的驱使下重新获得控制感的尝试，但最终只是助长了"用高科技解决问题的幻想"。可悲的是，他们"对物质的逃离和他们企图抛诸脑后的那个物质世界一样深受物质的束缚"。[42]

阿列克谢·塞尔（Alexei Sayle）的短篇故事《巴塞罗那椅子》

（*Barcelona Chairs*）对极简主义式人格进行了格外有趣的讽刺。另外，由于故事写于 2001 年，也可以说它非常有先见之明。故事的主人公鲁珀特（rupert，"r"小写）是一名颐指气使的建筑师，他的家"令人心旷神怡，光线充沛，且足够大"。房子里的金属椅让人眼前一亮，但坐起来不太舒服；玻璃楼梯令人赞叹，但会吓到小孩；房子里的家居用品一样都看不到，一样都找不着。但这还是好过把东西放得乱七八糟："这正是极简主义的关键所在，它费时费力，需要你付出许多，极简主义者房间里的每一样东西都在一种一不小心就会打破的和谐之中找到了平衡，每一样东西都被恰到好处地放在了它该放的地方，任何格格不入的东西，哪怕再小，都会将这脆弱的平衡毁于一旦，使其陷入极度的混乱。"一天，鲁珀特回到家后，发现一面"本来干净无瑕、像海雾一般洁白"的墙上写着一个笔迹潦草、令人困惑的词："帕特里克"（PATRICK）。他试图清除它、用涂料盖住它、用凿子凿掉它，但只是让这堵面目全非的墙变得越来越糟糕。他崩溃了，喝下了漂白剂，"将其内心的纠结还原成一具极简主义的空壳"。[43] 幸运的是，他家的芬兰互惠生*发现了他，鲁珀特幸免于难。他和家人搬到了西班牙南部一幢古色古香的白色农舍里休养。鲁珀特终于释然了，任凭他的头发自由生长。但渐渐地，极简主义人格又重新占据了他。一天，他对家里的凌乱终于忍无可忍，于是向他的家人嘶吼了一番。当晚，他的妻子走出房子，来到那面"像月光般

---

* 为学习语言而住在当地人家里并照看小孩的外国年轻人。

皎洁的农舍墙壁"前，在上面写下了一行小字："帕特里克。"如
果史蒂夫·乔布斯读过这个故事，他或许就不会让人们受苹果店
里那些玻璃楼梯和玻璃墙的罪，经历焦虑和伤害了。

除了对矫揉造作和谨小慎微的反感，人们对极简主义产生
厌倦的最简单的原因是：极简主义这——时兴起的潮流已经到达
了其光环曲线*的末端——希尔的文章正是发表于这股潮流开始
转向的时候。2011年，埃弗里特·博格停止了他的电子书《成
为极简主义者的艺术》的发行，并在"去你的极简主义"网站
（fuckminimalism.com）上发了一篇文章作为替代。博格纯粹认为极
简主义已经完成了其职责，是时候做出改变了。丽塔·霍尔特在
2012年做出了这一改变。当我问她为什么她的网站消失了，她说
极简主义已经变成了攀比名气的竞争，一场争夺点击量、转发量
和电子书销售量的比赛："这似乎只是一种表面现象，是又一种让
我们全都深陷其中的模式，虽然我们始终叫唤着说我们跟别人不
一样。于是我不干了。我关掉了网站，删掉了我在那里贴过的所
有帖子、链接或访问。"[44]

潮流会不断变化，每个人都有不同的性格、趣味。但即便如
此，在自助的世界里，个人行为乃是发生在社会情境之中。人们
的选择会受到别人的影响，也会反过来影响别人，无论是选择进
行整容手术、提高工作效率还是做整理。那么，是什么样的假设
构成了自助类建议的基础？这就成了一个重要的问题。

---

* 光环曲线（Hype Cycle）是一种企业用来评估新技术的成熟度、市场接受度和商业应用程度的
工具。

极简主义者和百万富翁

事与愿违的是，购物行为中隐含着一种固有的悖论。你为了质量和可持续性而选择购买更贵的商品，是不是只是在为自己的爱慕虚荣寻找借口呢？一位为《大西洋》杂志"城市实验室"（*CityLab*）网站撰文的作者在参加完希尔为他的新事业"编辑生活"（*LifeEdited*）所做的一个演讲后，产生了这样的疑问。她写道，希尔的幻灯片主要介绍了"羽毛般轻柔的毛巾，色彩丰富的套碗，方便存放的电热炉……既别致又时髦，让人心生向往"[45]，笔调里带着点谴责物欲的口吻。一件价钱贵 1 倍但是使用寿命长 3 倍的东西当然值得买，但不是所有人都能买得起。

走低端消费路线，和穷苦大众共进退也不一定是更好的选择。《国家》（*The Nation*）杂志的一位作者就认为，价格低廉的产品牺牲的是环境和劳动者的利益。虽然希尔在《纽约时报》上的文章"出色地展现了他未经矫饰的自我陶醉"，但他至少没谴责美国人"其实在他们真正购买的东西上花费太少"。[46]

出现这两种截然相反的观点其实非常正常。当一种潮流开始走下坡路，所有人都想借机从中牟一份利。但即便如此，极简主义的故事还是为生活黑客同物质的关系带来了两种启示。

首先，极简主义非常重视"禅"的标签，极简主义者们还效仿了佛教创立者的故事，这点既讽刺又恰如其分。在佛教起源的故事中，悉达多王子的父母极力保护着悉达多，不让他看到任何人间的疾苦，并让他享尽了荣华富贵，但王子没有感到满足。一天清晨，看到深夜宴会后凌乱不堪的景象，悉达多决定不再忍受这一切——时不可待，就像霍尔特同过去生活决裂时所说的那样。他偷偷地离开，抛下了所有一切，从此开始了他的旅程。他试验了不同的生活方式，但最终深受禁欲主义的吸引，包括禁食和禁寝在内。这样过了几年之后，悉达多昏倒在路边，一个女孩子发现了他，并用一杯米浆救活了他。于是他发现，极端的禁欲并不比他父母为他提供的极度奢华的生活更好。后来他开始向世人传授中道，即两种极端之间的道路。

再者，许多极简主义者也同样意识到极端并不是正确的道路。他们逃离了拥有太多这个敌人，却又沦为了拥有太少的"猎物"。埃弗里特·博格和丽塔·霍尔特完全抛弃了极简主义者这个标签。戴夫·布鲁诺不再兢兢业业地计算他拥有多少东西。科林·赖特承认极端对他来说不难做到，而且能让书变得畅销，但平衡才应当是目标。也有人开始主张适度：消费主义不是答案，但盲目痴迷极简主义也不能把难题解开。就连"生活黑客"网站也在2017年发表了一篇有关跟风的博文。[47] 极简主义作为一种反主流文化，已经偏离了《全球概览》的价值观——方便取代了自给自足，奢华取代了价值，排他性取代了可及性。极简主义需要一场变革。

2014年，硅谷领导力导师格雷格·麦基翁（Greg McKeown）试图用《精要主义：对精简生活的自律追求》（*Essentialism: The Disciplined Pursuit of Less*）一书重塑极简主义的形象：

　　精要主义之道意味着设计自己的生活，而不是随波

逐流地生活。精要主义不被动地做选择，而是有意甄别
重要的少数和不重要的大多数，舍弃非必需品，并为保
持必需品的道路通畅而扫除障碍。换句话说，精要主义
是一种自律的系统化方法，用于决定我们的个人贡献峰
值，然后让我们可以轻松地执行。[48]

书中并没有提及"极简主义"，但"精要主义之道"这样的措
辞同样有种禅的意味；麦基翁也确实强调了生活方式设计和系统
化——"精要主义"仍旧是硅谷式的自助。但即便如此，这是一种
适度的方法，强调将注意力放在生活中最重要的事情上，是一种
常见的自助建议。

除了对适度的觉悟，我们也必须小心，不要做出臆断，这是
极简主义带给我们的第二个启示。在汤博乐上发表文章的查理·劳
埃德（Charlie Lloyd）是说明这第二个启示的典例。虽然劳埃德
在技术领域工作，他最近"完全位于中产阶级的下游"。他的背
包——永远不会登上"生活黑客"网站——里有一台用了 3 年的笔
记本电脑，因为电池坏了，所以他还带着笔记本的电源。包里还
有纸和笔，以及他那部旧手机的充电线。"里面有口香糖，有时
候还装着份零食。夏天的时候有防晒霜和水瓶，冬天的时候有雨
衣和手套。有时候还会有本书，免得我觉得无聊。"如果他有更
多钱，情况就会变得不同：他会带一台 MacBook Air 笔记本和一
台 iPad Mini 平板电脑，如果他还需要别的，可以随时买。他说：

携带东西是这样，拥有东西大体上也差不多。穷人们有很多乱七八糟的东西不是因为他们傻得理解不了简单生活的美妙，而是为了减少风险……如果你购买许多食物，就需要一台大冰箱。如果你没钱把家里的所有电器都换掉，就需要好些放破烂的抽屉。如果你修不起车，你的修车架上可能就需要有另外一台型号相似、零件被拆了一半的车以备不时之需，有的人会拿它开玩笑，笑话你是个住在拖车公园里的废物。[49]

简而言之，有钱人的极简主义和财富的关系是回溯性的："你只能通过财富获得这样的轻盈。"正是这种关系以及极简主义没有新意的构成群体让人们生出疑问，觉得极简主义只适用于富裕的单身汉。

苹果笔记本的极简主义确实需要一定的财力，但我们也要小心不要过分地一概而论。有钱人可能被物质占据，但也可能从简化中获益。相应地，穷人也不是不会遭受物质主义的影响，即便他们的欲望得不到满足，他们的东西也没有那么昂贵。拥有更少不一定就是项美德，拥有更多也不一定就是罪恶。真正的问题在于，自助产业将其建议不加区分地推销给所有人，而那些成功人士的经验被包装成了有价值且可以效仿的东西。

希尔在《纽约时报》上的文章发表之后不久，泰南在他的博客上发布了一篇题为《那些较不幸的人》的反思文章。他当时刚看了纪录片《伊诺森特》（Inocente），这是一个无家可归的少女拒绝放弃拥有婚姻、房子等梦想的故事。泰南承认他是幸运的，而他的生活方式建议和伊诺森特朴实的梦想截然相反："有时候我不停地数落婚姻和房子，说这些是没有价值的目标。但你知道吗？只有像我这样出生以来就一帆风顺、总是能轻易获得成功的人才会这样。"泰南从没有遭遇过虐待、无家可归这样的问题。他觉得伊诺森特所面临的挑战"可能比我这辈子能做到的任何事都更加严峻"。[50]

　　当你把别人带到你称为家的房车里的时候，泰南建议在你讲述的故事里，不要把你和那些走投无路的人混为一谈。极简主义生活黑客们的故事与财富联系在一起：不一定是关于钱，但有关于充足的选择，有关于消减财物和环游世界的能力，甚至还有关于抛弃极简主义的做法，当他们想要这么做的时候——很多人早已将其付诸行动了。

健康黑客

2008 年 9 月，一小群发烧友聚集在前《连线》杂志执行编辑、"炫酷工具"的捍卫者凯文·凯利位于旧金山的家中。凯利找到了大约 30 位热衷健康、自我精进、基因和长生术的人士。这群人中包括他在《连线》的同事加里·沃尔夫（Gary Wolf）。凯利和沃尔夫一起组织了这次聚会，并把它作为"量化自我"（QS）的成立大会。这是这一运动为那些有兴趣"通过数字认识自我"——QS 的座右铭——的人举办的首次"展示和讨论"。

凯利认为，QS 不仅有助于回答平常的问题，也有助于回答伟大的问题。我们可以通过 QS 学会更好地管理邮件或者学会如何活到 100 岁。但 QS 也许还能回答数字时代的核心问题："人是什么？……人类的本质是固定不变的吗？是神圣的吗？是可以无限扩充的吗？"凯利依旧坚持做自己，非常乐观，并且重视使用工具。他说：

　　我们相信这些宏大命题可以在个人身上得到解答。当个人完成了自我认知，对一个人的身体、心灵和精神的自我认知，真正的改变就会发生。许多人都在寻求这

样的自我认知，而我们乐于拥抱所有通往这一目的地的
途径。无论我们选择探索的这条道路有多么人迹罕至，
它一定是条理性的道路：除非能够被量化，否则我们很
难说改变真的发生了。所以，我们正在尽可能地搜集可
以协助我们对个人进行量化测量的工具。我们欢迎可以
帮助我们观察、了解身体和心灵的工具，这样我们才能
理解人类在此的目的为何。[1]

自我认知和改善需要测量——这一理念衍生自"不能测量就
不能管理"的观念。这一格言常被认为出自管理咨询师彼得·德
鲁克（Peter Drucker），但他的观点其实略有不同。虽然德鲁克提
倡测量，但他认为管理人员与人的关系才是首要的，它"无法测
量，也无法被简单地定义"。[2]不过对于某些东西，这句有关测量
和管理的格言却格外正确。正如我们在第 4 章中看到的高效黑客
尼克·温特的例子，测量方便人们设定个人目标、发起有效的分
析，并能为目标负责。但若是止步于此就有点太过简单了。

也有格言讲到测量的局限性，其中一条常被错以为是出自爱
因斯坦："不是所有可以计算的东西都有价值，也不是所有有价值
的东西都可以计算。"测量本身也会歪曲事实，这就是矛盾所在。
对一个变量的测量往往会使其获得优先于其他变量的重要性（温
特的解决办法是把测量的网撒得更宽一点，为其社交和约会也设
定目标）。更糟的是，在竞争环境中，操纵和作弊往往与测量如影
随形。学者在许多领域中都观察到了这一现象。一位人类学家在

谈论教育领域中过度测量的情况时这样说道："当测量变成了一种目标，它就不再是行之有效的测量。"³

然而，凯利和沃尔夫是量化测量毫无保留的捍卫者。为了进一步推广 QS，沃尔夫发表了两篇备受瞩目的文章、进行过一次 TED 演讲。在《纽约时报杂志》（*New York Times Magazine*）中，沃尔夫宣布计数这项工作已经大获成功："我们之所以忍受着量化固有的缺点——它是一种枯燥、抽象、机械的知识，是因为其结果非常强大。计数可以让我们进行测试、比较、实验。数字可以让问题少勾起一些情感上的共鸣，多一点理智的处理。在科学、商业和更讲究理性的政府部门中，数字赢得了公平和诚实。"这一胜利需要攻克的"最后的堡垒"是"个人生活的私密空间"："睡眠、锻炼、性生活、进食、心情、位置、警觉度、工作效率，甚至心理健康。"⁴

QS 是生活黑客中痴迷测量的那一派人倡导的，他们尤其关注健康。其倡导者期望能够对所谓的个人私密空间也做到无所不在的测量，并正在朝着这个方向努力。与传统科学不同，凯利认为这些问题可以"在个人身上得到解答"。例如，尼克·温特在黑入他的动机系统时采用了基于科学的自助方法，同时测试了其效用，并对结果进行了追踪。虽然他那有关平均值的报告精确得有点不必要（比如"幸福感 7.03/10"），但他能凭此证明什么对他有用。

我们或许能在测量中同时为个人问题和宏大命题找到解决方案，这是生活黑客秉持的一种强大信念。它揭示了一种有趣的双重愿景，一种既切近——由自我追踪获得自我认知——又遥远——

鉴于其面向宏大命题的雄心壮志——的愿景。

数据的意义

这么多年来，我已经看过不少 QS 的"展示和讨论"，有的在现场，有的在网上。参与者在分享他们的热忱和困难时表现出来的坦率给我留下了深刻的印象。我看过的最坦率的分享是，一个人追踪了他和妻子在性生活前后生殖器、口腔、手指及肛门上的微生物群系。许多人无疑更愿意让这些领域保持"私密"的状态，如沃尔夫所言，尤其是当雇主、保险公司或者罪犯都能访问到这些数据的时候。但这位分享者对他的数据和获得的结果非常满意。他在每次性生活前后用拭子擦拭了所有东西，最后发现两人身上的微生物群系变得更加相近了。

尽管他的行为颇有新意，但结果却在很多人意料之中。如果收集上述数据只是令人尴尬地确认了一件显而易见的事，这么做的意义何在呢？不是所有可以计算的东西都有价值。

我对自我追踪的应用是否有意义的疑问并不是个例。在第一次 QS 会议中就有人提出了这个问题，他有许多数据，但对怎么处理这些数据却毫无头绪。加里·沃尔夫在次日贴出的一篇博文中记录了他们的讨论，他们讨论了自我追踪数据如何激发新的研究问题、如何影响决策并用于艺术表达。这篇博文同时也是对"《华盛顿邮报》（*Washington Post*）上毫无恶意的嘲讽"的回应。不过，沃尔夫也承认，"在考虑任何具体用途之前，（自我追踪数据）似乎全凭着一种冲动和好奇心的驱使"。[5] 这相当符合黑客精神：实验和追踪同其他东西一样，都和性格有关。

除了沃尔夫的解释，我倒是在和一些自我追踪者的谈话中发现了一个实用的动机。人们通过追踪，并以实验（治疗）的名义黑入健康系统，以求控制症状、找到疗法。[6]例如，凯·斯通纳（Kay Stoner）称自己是一个"数据囤积者"。她有头疼的老毛病，存着好几箱青少年时期写的日记。和大部分生活黑客一样，她很早就喜欢上了计算机。她的电脑不会动辄批评她。按照斯通纳的说法："它不在乎我是谁，只要我遵守句法规则、对它抱着合理的预期。"追踪模式、建立规则也是她在之后的生活中处理头疼的方法。她开发了一款软件，用来记录她头疼的症状和发作情境，但最终她还是回到了用纸笔写日记的模式。

慢性疾病和疼痛令人沮丧，让人感觉无助，仿佛痛苦永远不会结束。斯通纳的记录让她知道她可以做些事情来缓解头痛，并且头痛最终确实会结束："如果你有客观的数据告诉你一件（有帮助的）事情确实曾经发生过，而且或许会再度发生，就能将抑郁和无助感扼杀在襁褓之中。"她的记录也让她可以和医生更清楚地交流。

生活黑客也和其他人一样在为其病痛寻找着治疗方法。就像《黑客节食法》的作者在书的第一章中想要减肥，斯通纳也想要减轻她的偏头痛。让这两位黑客区别于大部分人的是他们用来理解和处理问题的系统化方法。另外，对于黑客类型的人来说，追踪行为本身就能让人感到宽慰。对疼痛和失败的治疗方法的记录有时候也让斯通纳感到气馁，她也偶尔会将这些记录束之高阁。不过最终，追踪和实验是她进行自我控制、找到希望、和别人交流的方法："数据为我的生活带来了结构、意义和目标。"[7]

成为超人的超人类根源

我小时候特别喜欢《无敌金刚》（*The Six Million Dollar Man*）[*]的片头。电视剧以一场航空事故开头，宇航员史蒂夫·奥斯汀（Steve Austin）已经奄奄一息。在手术和仿生学示意图的画面上，画外音宣布："我们可以对他进行改造，我们的技术可以做到。我们可以让他变得比过去更好……更强……更快。"这3个词组成了2011年《纽约客》上那篇介绍费里斯的文章的标题，其中两个词还出现在了2016年的自助类书《更聪明，更快，更好：在生活和工作中保持高效的秘诀》的标题中。[8]一个20世纪70年代人们利用科学和技术提高人类表现的电视节目片段之所以能留存至今，是因为它描绘了人类对于成为超人的向往。

泰南最受欢迎的两本书分别是《习惯成就超人》（*Superhuman by Habit*）和《超人的社交技巧》（*Superhuman Social Skills*）。蒂姆·费里斯的《每周健身4小时》的副标题是"一部达到快速减肥、过上美妙的性生活以及成为超人的非常规指南"。他的电视节目则扬言"要获得超人的成果，你不必成为超人……你只需要一套更好的工具"。[9]仿生人接受的治疗没有停留在治疗的层面——他还被改进了。同样的，极致的黑客技巧也旨在超越字面意义的层面。

---

[*]美国科幻题材连续剧，在1974年—1978年间播出。

当然，超越的欲望并不是什么新生事物。在希腊神话中，伊卡洛斯（Icarus）一直飞到了过分靠近太阳的地方。在亚伯拉罕诸教*的故事中，巴别（Babel）的人民居然斗胆建了一座通天塔。这些神话故事无关是否真的可能实现；相反，它们对傲慢发出了警告。伊卡洛斯和巴别的人民最终被迫流离于世界各处。然而，当20世纪的科学趋于进步，有人希望真正意义上的超越会在不远的将来发生。

"如果人类愿意，那就可以超越自身——不是作为个别现象，一个人这样、另一个人那样，而是全体，全体人类"，进化生物学家朱利安·赫胥黎（Julian Huxley）**正是在这样的信念下在1957年写下了《超人类主义》（Transhumanism）。[10] 他认为这一超越可以借由一种进步的优生学实现。赫胥黎对人种的生物学概念持怀疑态度，并且认识到了（人类）对这一概念的滥用。于是他提议通过一个"治疗和矫正"项目来提高"最贫困阶级"的生活质量。赫胥黎知道，教育和医疗可以减少生育。提高贫困人口的生活质量可以达到两个目的。首先，那些没有机会实现自己潜能的人将有机会这么做。其次，那些潜能有限的人可以过上更好的生活，也会生育更少的孩子，这样他们对人类族群的影响就会减少。[11] 这一观念影响了他的许多工作，包括其担任联合国教科文组织（UNESCO）的首任总干事期间的工作。

在之后的几十年里，个人技术取代人口优生学，成为人们期

---

*指世界主要的三个有共同源头的一神教：基督宗教、伊斯兰教与犹太教。
**英国作家奥尔德斯·赫胥黎（Aldous Huxley）的哥哥。

望促成改变的推动力。20 世纪 80 年代的超人类主义者将希望寄托在了基因工程和纳米科技上。到了 90 年代，计算机和网络带来了对人工智能和赛博格*的预言，也激发了人们对后人类的可能性的想象。马克·奥康奈尔（Mark O'Connell）在其 2017 年的作品《成为机器：赛博格、乌托邦主义者、黑客和未来主义者解决死亡这桩小事的冒险》（*To Be a Machine: Adventures among Cyborgs, Utopians, Hackers, and the Futurists Solving the Modest Problem of Death*）中对这一有些玄乎的观念进行了阐述。谷歌、微软、脸书和特斯拉（Tesla）等公司的领导层和投资人都在谈论实现机器智能的不远的未来。有人对此感到担忧。特斯拉的埃隆·马斯克一直在警告大众小心一场人工智能浩劫。也有人热切地期盼着比我们更聪明的机器的出现。奥康奈尔这样描述乐观的硅谷创业者："这些人——他们毕竟还是人类，几乎无一例外地——都谈到了人类和机器结合的未来。"[12] 例如，谷歌在 2012 年雇了发明家和超人类主义者雷·库兹韦尔担任其工程主管，负责领导谷歌对机器学习的研究。次年，谷歌还成立了一家价值 7.5 亿美元的生物科技公司，专门进行抗衰老研究。库兹韦尔在他 2005 年的作品《奇点临近》（*The Singularity is Near*）中做出了一个有名的预测。他预测到 2045 年左右，由于技术已经可以实现自我改善，其快速发展将使人类的生命真正变得非实体化。[13] 马斯克等悲观主义者担心我们会被彻底消灭。乐观主义者如库兹韦尔则认为我们会和我们的创

---

* 赛博格（cyborg）：机械和有机体的混合物。

造物融合，真正实现永生。无论如何，谷歌已经做好了面对合成
体和有机体的两手准备。

互联网除了为超人类主义者带来了灵感，还让他们找到彼
此，互相凝聚。刊登在 1994 年《连线》杂志上的《认识反熵主义
者》（Meet the Extropians）一文介绍了当时新出现的超人类倡导
者。就像宇宙中的熵总是倾向于增加，宇宙总是倾向于无序，反
熵（extropy）描述了一种相反的力量，一种把我们带往超越的力
量。超人类主义者认为随着科技的进步，创造力和理性等人性价
值将会获得更强大的力量。在其最新版本中，反熵主义被提炼出
了 5 个原则：（智慧、效能、寿命的）无限扩展，（通过理性和实
验实现的）自我改造，（理性和基于行动的）积极的乐观主义，
（可以让我们超越我们固有的极限的）智能技术，以及（从去中心
化的社会协作中产生的）自发秩序。[14]

这或许看上去像是在生拉硬拽，硬要把那些试图管理收件箱
或偏头痛的人和反熵主义者扯在一起，但后者的 5 个原则确实涵
盖了黑客精神。凯文·凯利也相信 QS **终将**解决宏大的问题。他在
别处写道，信息超有机体势必会诞生，而反熵正在把我们推向这
一结局。[15] 他没有库兹韦尔那么大胆，但他们确实属于同类。

不是所有的生活黑客都是反熵主义者，但两者都发展自"加
州意识形态"这同一个源泉。《新共和》（New Republic）杂志一篇
关于"试图解决死亡问题的黑客"的文章这样写道：在对"青春
的延续、神经增强、出色的身体能力……"的追求中，"有一种通
过技术提升自我和改善生活的明显的加州调调"。[16] 这一意识形态

加强了学者们称为"健康主义"的潮流。在"健康主义"中，获得健康成了个人的责任。健康被视为个人的美德，而疾病则被视为有失道德。[17] 正如提高工作效率的黑客行为可能会沦为自我苛责的暴政，促进健康的黑客行为也可能成为一套针对精力的问责体系——那些因为病得太重而落后的人将会受到责难。库兹韦尔曾经专门雇了一名助理管理他服用的上百种保健品，但不是所有人都拥有他那样的资源。

通过技术改善生活的反熵主义观点最大的讽刺在于，从生物学角度来说，只有当生命终结时，最好的生活才会实现。然而在那之前，还有其他许多以更好、更强、更快——甚至更聪明——为目标的黑客技巧。

"黄油让我变聪明"

2008 年在凯文·凯利的公寓里聚会的那一小群发烧友中，有两位自我追踪和实验的名人。

其中一位就是当时的新晋畅销书《每周工作 4 小时》的作者蒂姆·费里斯。费里斯不太提起"量化自我"，就像他不太提起生活黑客的标签一样。但他确实自认为是一名自我实验者，并和凯文·凯利成为了好朋友。首次 QS 会议两年后，费里斯出版了《每周健身 4 小时》，一本追踪和改善身体（如减肥、增肌、改善性生活、提高睡眠质量）的黑客技巧汇编。正是通过这本书，费里斯让自我追踪和实验的观念变成了主流。

心理学教授塞思·罗伯茨（Seth Roberts）也参加了聚会。54

岁的罗伯茨是研究老鼠认知能力方面的专家，同时在清华大学和加州大学伯克利分校（UC Berkeley）任教。在发烧友中，他已经是一名自我实验方面的名人。

罗伯茨在实验的前15年中学到了许多。这一切都始于粉刺。一名皮肤病专家告诉罗伯茨控制饮食没有用，但罗伯茨发现医生开给他的抗生素也没什么效果："我每天都在数新冒出来了几个痘痘。我服用不同数量的药片：第一周每天服用某个数量，第二周服用另一个数量，第三周再回到第一周的数量。结果显示这些药没有效果。我把结果告诉了我的皮肤病医生。'你为什么要这么做？'他问我，非常困惑，还有点儿生气。"另外，罗伯茨断定饮食确实会有影响。除了含有过氧化苯甲酰的面霜，含有维生素B的保健品也有效，戒掉比萨和无糖百事可乐同样有帮助："做了所有这些后，我的粉刺减少了大约90%。然后，如我所料，我的粉刺逐渐消下去了。"[18] 这一早期经历让他更加不信任主流药物，并开始对自己的实验充满信心。

在后来的几年里，罗伯茨发现早上收看电视特邀评论员跟真人一般大小的头部特写能让他改善心情，不吃早饭、每天站8小时以上则可以改善他的睡眠（他推测那是因为我们的史前远祖大部分时间都站着，也不吃早饭，每天早上做的第一件事就是看别人的脸）。站立和清晨的光线还能让他不得感冒。最重要的是，罗伯茨发现饮用不加调味剂的糖水可以显著并长期维持减重效果。

罗伯茨的理论是，香味俱全的食物会让身体认为这是一个储存脂肪以应对未来食物短缺的好时机，于是人的胃口就会变好。没什么味道的卡路里让身体误以为此时正值萧条时期，于是饥饿感会减少，身体也会储存更少的脂肪。2005 年，罗伯茨别出心裁的方法和富有新意的理论受到了《魔鬼经济学》（*Freakonomics*）两位作者的推崇。2006 年，他出版了《香格里拉饮食法：什么都能吃的不挨饿减重法》（*The Shangri-La Diet: The No Hunger Eat Anything Weight Loss Plan*）。[19] 书名想告诉你，这是一个虚构的可以轻松减重的乌托邦。书非常畅销，尤其是在黑客群体中。上百人在他网站的论坛上发帖，描述他们的实验、结果和理论。其中一个流行的话题是夹鼻子法。这个减少嗅觉和味觉刺激的方法很简单，只需要在进食的时候戴上游泳用的鼻夹就行。

罗伯茨在《香格里拉饮食法》之后的几年里继续着他的实验，并在他的博客、论坛和讲座上谈论这些实验。例如，他发现像鹤一样单腿站立可以加剧他的疲惫感，于是就能减少站立时间。当他单腿站立的耐力增加了，他又开始单腿弯腿站立："已经这样做了好几天，我可以坚持的时间长度还算合理（比如 8 分钟）。"[20]

他也继续拿自己日常的饮食做实验。一天，他吃了些有五花肉——就是用来做培根的肉——的剩菜，然后睡得很香，第二天感到更加精力充沛。于是，为了证实这一点，他开始追踪自己每天的睡眠质量和他吃或没吃 250 克肥猪肉的关系。他在几年之后说道："我主要了解到的是，肥猪肉真的有用……我们经常被告知动物脂肪对我们不好，但一个简单的实验就说明了它其实是好的，至少对我是这样，这真奇怪。"[21]

就像每天站 8 小时不太可行，也不是每天都能吃到五花肉。一天，罗伯茨正好弄不到猪肉，于是他发现了一个更方便的脂肪来源。他在一家餐馆吃午饭的时候多点了两份黄油："吃完午饭几小时后，一阵舒适的暖意涌上了我的头部。五花肉没有这种效果。或许黄油比五花肉对大脑更好。于是我把五花肉换成了黄油。"[22] 罗伯茨也一直在追踪他大脑的功能。比如让计算机计时，测试他对做加法之类的简单挑战的反应时间，一直这么做了好几年。在他开始他的黄油饮食法（每天半块，大约 60 克）后，他注意到他的反应时间缩短了，从平均每次挑战 650 毫秒降到了 620 毫秒。其他人受到他的启发，又测试了咖啡因、大豆、亚麻籽油和鱼油（对人的反应时间的影响）。

图 5–1
塞思・罗伯茨在他的跑步机书桌上

http://calorielab.com/index.html.

虽然罗伯茨的大脑功能有所改善，他也开始好奇自己是否正在慢性自杀——一位心脏病专家在他的一次演讲中曾这么表示。罗伯茨断定这位心脏病专家并不理解有关动物脂肪和心脏病之间的联系的证据。另外，这些所谓的专家对于饮食已经"大错特错"了好些年。于是，他继续对那些向他警告饱和脂肪、糖（最近受到批评）和加工食品的危害的人提出质疑。比起专家，罗伯茨更信任他的数据。他还测量了自己的心脏健康。他说道：

> 在我发现黄油妙用的前几个月，我进行了一次"心脏扫描"——我的心血管系统的 X 光计算机断层成像。这些扫描会得出一个钙化评分，即一种对钙化程度的测量。钙化评分是预测你在接下去几年内是否有心脏病发作风险的最好方法。每天吃半块黄油持续了一年之后，我进行了第二次心脏扫描。我的钙化评分有了显著的改善（钙化降低），这个结果不太常见。但我患心脏病的风险显然降低了。[23]

令人难过并且讽刺的是，这是一篇他去世后才得到发表的作品的最后一段。2014 年 4 月 28 日，在他死后两天，"塞思·罗伯茨的最后一篇专栏：黄油让我变聪明"出现在了《纽约观察者报》（*The New York Observer*）上。

那年 5 月，他的母亲将她所知道的情况发布在了他的博客上：他死于冠状动脉疾病和心脏肥大。她没有他最近的胆固醇数据，

但她确实证明：除了一份显示汞含量过高的报告（可能是吃鱼的
关系），罗伯茨的数据没有显示出与心脏相关的风险。许多朋友和
崇拜者在网上发布了悼文。2015 年在旧金山举办的"量化自我大
会"（Quantified Self Conference）上，理查德·斯普拉格（Richard
Sprague）谈到是罗伯茨启发了他进行鱼油的实验。斯普拉格展示
了他的朋友在生命的最后一个月里大脑反应时间的测试结果图表。
罗伯茨在 4 月 25 日——也就是去世前一天——得到的他生命中的
最后一个分数是他有史以来的最好成绩。斯普拉格用一个问题结
束了他的讲话：在尽量提高反应时间的同时，罗伯茨和其他自我
实验者会不会只是在"牺牲某物以换取某物"呢？[24] 他不知道答
案，但他知道罗伯茨会怎么说："继续测量！"

专家，经验和不确定性

　　我坐在观众席中，为我在网上认识的某人的逝去感到悲伤，
同时，斯普拉格那突如其来的结语也让我沮丧。没错，罗伯茨是
会鼓励别人继续测量，但理由呢？测量和实验让你得到了什么？
尤其当你或许还在伤害自己的时候。

　　正如沃尔夫提到的，自我追踪可能引人入胜，甚至还会让人
欲罢不能。对于热衷分析的人，这种追踪和对模式的寻求很容易
让他们形成一种强大的偏见，而这种偏见本身也有其吸引人的地
方。过度关联错觉（apophenia）是指人们从随机出现的现象中识
别模式、在一众噪音中辨识讯息的倾向。其表现形式可能是集群
错觉（clustering illusion）——当我们忘记随机数据可能会成群出

现的时候，也可能是幻想性错觉（pareidolia）——当我们从静电噪音中听到声音或者在烤焦的吐司片上看到人脸的时候。过度关联错觉还会导致错误的关联。如果你喜欢寻找模式，那么你收集的数据越多，找到的模式就越多，不管有多少"信号"是真实存在的。不加选择地发现模式，有好处，也有危害。罗伯茨认为天平应该更偏向有好处的这一端。传统科学太执着于渐进式的进步，而他想要的是出人意料的关联和新颖的理论。

罗伯茨的粉刺实验和黄油实验也缘起于我们之前讨论过的两个动机：名义上的（有效果）黑客行为和极致（有提高）黑客行为。治愈粉刺这样的小毛病是一种名义上的黑客行为，最大化提高大脑表现等能力则是极致型的黑客行为。

自我治疗的吸引力也源于数字时代本身的一些特点，首先是对专家意见的质疑。社会学家安东尼·吉登斯（Anthony Giddens）等人认为，启蒙时代的思想家天真地以为人类可以用理性的确定性取代非理性思考和随机形成的传统。理性并没有带来一个"越来越确定"的世界，而是带来了"一个在方法论上遭到怀疑"的世界。[25] 事情本当如此。在形式逻辑之外，理性的运用从来都没有带来确定性，它带来的只是合理性。然而，吉登斯关于天真的观点对于当代也仍然适用，尤其是在 21 世纪。网络上过剩的信息并不意味着所有人都更有见识了。相反，有人天真得什么都要怀疑，有人则习惯愚蠢地轻信。那些仍然声称疫苗会引起自闭症的人认为自己是明智、严谨的思考者，但他们的误解正在引致麻疹的卷土重来。当本周的健康报道和上周的相左时，就连那些想要采纳合理的舆论的人都会迷茫起来。目前来说，咖啡对我们是有益还是有害？我们又应该相信谁？

QS 的愿景兼具两种获得信息的方法：既有专家（experts）的主张，又有基于我们自身经验（experience）的见解。"专家"和"经验"这两个单词都和实验（experiment）有关，而这三者都来源于拉丁语词根 *experiri*，意为尝试或试验。我们是要相信专家的实验还是我们自己亲历的实验？

一方面，专家们的健康建议有着合理的理论和可重现的重大发现的支撑。后者通常通过两种方式达到。第一种是研究人员在大规模群体中寻找相关性（例如，烟民是不是更容易生病）。第二种是进行实验（例如，那些完成了戒烟计划的人是否比没完成的人更健康）。无论是哪一种方式，样本数越大（比如说 $N = 2000$），发现越可靠。然后这些发现或许会引出或支持某个合理的理论（例如，香烟中的化学物质会破坏人体组织）。

大样本研究是科学的完美典范。做得好的话，这样的研究会带来高度可信并能够实际应用的科学成果。甚至，设置不同的被试组还能让我们纠正常见的认知错觉。设置对照组则可以发现某种症状在一段时间后无论如何都会自愈。安慰剂组可以发现人们在接受虚假治疗的情况下，症状居然也能改善。替代方案组可以揭示某种现有治疗方式的功效、成本和副作用是否仍优于新的治疗方式。和我们在第 3 章中看到的可重现性危机一样，许多流行的健康和自助建议参考都是没有达到这一标准的研究。

另一方面，自我实验者们的建议则仅仅以单一样本的个人经验为基础，也就是说 $N = 1$。他们往往会追踪各种各样的数据，然后在其中寻找相关性。例如，罗伯茨习惯性地追踪他的大脑反应时间，并注意到当他吃许多黄油的时候，大脑的反应时间减少了。他们也进行实验，就像罗伯茨接着改变了黄油的食用量，以找到合适的用量。自我实验者也设置对照组（不站立和站立）和替代方案组（肥猪肉和黄油）。不过他们往往做得非常随性。只有一个人的话，是很难将标志着某种效果的信号从日常生活的杂音中分离出来的。你要怎么理清你每天站了多久、见到了多少张脸、摄取了多少脂肪？另外，随着年纪增长，粉刺往往都会"消下去"。只有单一样本，就不太容易在正常的消退效果和治疗效果之间进行区分。而且改变抗生素的剂量也不是什么好主意，尤其是在服用的第一周内。

我不记得罗伯茨的自我实验中用到过安慰剂——他的许多干预，比如站立，很难骗到任何人，更别说是自己了。罗伯茨称，由于他的大部分发现一开始都是事出偶然，所以不可能是安慰剂效应的结果。但是，随便看到一个什么变化，对其大做文章，并在安慰剂效应的作用下对其进行证实，这却是很容易发生的。当我读到罗伯茨关于改善睡眠的一连串主张（即不吃早餐、站立、吃肥肉、吃蜂蜜、服用维生素 D_3、照橙色光）的时候，我不禁怀疑：在前一种疗法有效的情况下，他为什么还要用另一种疗法呢？

这并不是要贬低自我实验在科学领域所起到的作用。研究人员拿自己做实验的例子数不胜数。皮埃尔·居里（Pierre Curie）把镭盐绑在胳膊上，证明了辐射会灼伤皮肤。也是皮埃尔和玛丽·居里（Marie Curie）提出了辐射可以消灭癌症（但没有意识到辐射也会引发癌症）。这个故事以及其他许多成功故事似乎证明了自我实验值得尝试。如果实验者成功了，那或许是这样。然而还有许多伤害了自己却一无所得的故事，而这些故事是不太可能在历史书上读到的。

单一样本的研究也确有其优势。传统的研究、诊断和治疗都是以普通人为对象，即那些分布在钟形曲线 * 中央的人，而不是以离群值为对象。[26] 鉴于世界上有几十亿人，且每个人的基因档案和生活环境都独一无二，我们都是某个方面的离群值。自我实验正是迎合了那个"离群"的自我的需要。另外，在公民科学领域也正开展着许多激动人心的研究工作。由非科学家按照安全、严格的规程参与的数据采集和分析让人感到不可思议。想象一下：有上百万人参与的大数据研究，上百万人在日常生活中穿戴着追踪设备。符合伦理的严格执行固然困难，但它又非常有价值。

健康黑客还指出，传统的科学和医疗有着严重的问题。罗伯茨感到健康专家们总是"习惯性地夸大他们所提倡的疗法的好处，却对其花费避重就轻"。专家们的饮食建议已经"大错特错"了很多年。罗伯茨写到他被告知动物脂肪对身体不好，但他的五花肉实验证明了"它其实是好的，至少对我是这样"。[27] 另外还有单纯的信任问题。医药行业的运行真的会考虑你的利益吗？你真的能

---

* 即中间高、两端逐渐下降且完全对称的正态分布曲线。

够获得你（在经济上）能够承担的医疗服务吗？在美国，许多人都在亚马逊上购买宠物用的抗生素，将其作为便宜的替代品自用。

我们也可能经历不友好的日常医疗服务，这也进一步加重了上述问题。凯·斯通纳对要依赖她几乎不认识的人感到很不放心：

> 他们告诉我们，受过训练的专业人士是唯一有资格让我们的生活质量得到保证的人。我认为，这造成了我们对一些永远不会发生的事情的不真实的依赖（以及期待）。也就是说，要从一个忙到没法细致地完成工作的人那里得到你所需要的一切。如果你的医生一次只能见你15分钟，而你一年只能见他们4—5次，他们一年总共就只有1个小时的时间来了解你和你的健康状况及生活状况。这对谁都没有帮助。[28]

不难理解为什么斯通纳等人会诉诸健康黑客的手段。这样做有明显的危害，但（他们）也有可能从中获益。包括偏头痛、糖尿病、过敏等在内的慢性疾病令人非常苦恼，其患者会诉诸任何可能有帮助的手段。事实证明追踪和实验对这些病症是有助益的，如果还能够得到专业人士的帮助，那自然是最好不过。斯通纳似乎发现了这一点，但罗伯茨没有。不过，为胡来的头脑敏锐度测试提高30毫秒（5%）的反应时间吃掉半条黄油是另一回事。在这种情况下，未知但严重的危害并不太可能换来好处，或者只能换来微小的好处。

黑客们确实有权承担其个人风险，但除此之外，当自我实验预示着对严谨性的抛弃，更让人担忧的问题便出现了。即便传统的科学和医疗存在着各种各样的问题，这并不意味着其替代方案就一定更好。史蒂夫·乔布斯曾经短暂地使用针灸和保健品治疗癌症，而没有选择手术，这或许在某种程度上造成了他的早逝。类似的，虽然过去数十年里，来自权威机构的饮食建议并不始终前后一致，但这也不意味着可以打着自我追踪和实验的幌子各行其是。不幸的是，这并不总是能引起头脑聪明的黑客们的重视。

保健品和自助

自助界中的导师们沿袭着从卖保健品开始起家的传统。蒂姆·费里斯于 2000 年从普林斯顿（Princeton）毕业，并在同年开始销售"迅思"（BrainQUICKEN），据说是"世界上第一款神经促进剂"：

> "迅思"是一款通过实验室测试的产品，使用科学方法加速神经传输和信息处理（知觉聚焦、记忆存储和回忆），快速起效，每剂量效果可维持 2—6 小时。
>
> "迅思"复合胶囊正在专利申请中，其活性化合物成分受到了临床研究的支持，并得到了超过 4050 项科学研究的引证。经计算机施测的实验证明，仅其 18 种成分中的其中一种就能安全改善短时记忆和反应速度，提高幅度超过 35%。[29]

这款保健品是一种所谓的"益智药"，可以提高认知敏锐度、改善记忆力。费里斯在网络上销售他的保健品，"经哈佛、普林斯顿、耶鲁、牛津、东京大学的尖子生使用证明，保证 30 分钟以内起效"。

这种靠不住的保健品介绍在美国司空见惯。尽管"迅思"通过了实验室测试——也不知道究竟是什么意思，但并不存在来自独立的对照研究的证据。即便测试表明其所有成分都安全，这些成分相互作用以后呢？那句专利申请中的声明更是 19 世纪骗术的现代版本。"骗术"（quackery）一词源于"江湖术士"（quacksalver），即中世纪时"沿街兜售药膏（salve）的小贩"，其最大的特征是他们在熙熙攘攘的市场里也能被听见的大嗓门。后来的庸医则会声明他们的灵丹妙药具有独家专利，此即为"专利药"（patent medicine）。我怀疑费里斯只是临时提交了一份敷衍并且暂时的专利申请，这样文案才能称其正在"专利申请中"。

"迅思"最初的销售量很低，但费里斯注意到其购买者报告了一些身体上的改善："我听到美国国家大学体育协会（NCAA）的高水平运动员们说'我跳得更高了！''我起跑更快了！'"于是他将该产品重新包装成了"迅体"（BodyQuick），转而将运动员作为产品受众："我本来以为人们想要变得更聪明。他们确实想，他们只是不想为此花 50 美元。"[30] 正如他在《每周工作 4 小时》中写到的，成功接踵而至——但不知道有多成功，然后，迫于压力，他逃到了国外。他在国外学会了远程管理他的生意，并将学到的东西写成了书。

费里斯并不是第一位成为自助导师的保健品推销员。事实上，保健品推销员有一个从旅行推销员到电视推销员再到网络推销员的发展脉络。

1953 年，约翰·厄尔·肖夫（John Earl Shoaff）在加州长滩（Long Beach）参加了一个关于"成功法则"的研讨会，演讲者是一家营养保健品公司的创始人 J. B. 琼斯（J. B. Jones）。琼斯的主业是保健品的旅行推销员，同时也做自助类演讲。他让肖夫深受鼓舞，于是肖夫加入了琼斯的团队，和他一样边开研讨会边销售保健品。肖夫最终成立了自己的保健品公司，而当吉姆·罗恩（Jim Rohn）加入他的公司时，这一模式再次被重复。

罗恩 1985 年的作品《获得财富和快乐的 7 个策略：来自美国一流商业思想家的强大观念》（*7 Strategies for Wealth & Happiness: Power Ideas from America's Foremost Business Philosopher*）就是肖夫传给罗恩的锦囊妙计。他们相识于一次销售会议，之后肖夫雇了罗恩。之后的 5 年中，罗恩说他"从肖夫先生那里学到了许多生活的智慧。他待我就像对待亲儿子一样，花了很多时间把他的哲学传授给我"。[31] 肖夫去世时还比较年轻，但罗恩稳稳地从他手中接过了火炬，继续做保健品和研讨会的生意。20 世纪 70 年代，罗恩将托尼·罗宾斯（Tony Robbins）收于麾下，罗宾斯年仅 17 岁就开始为罗恩推广他的研讨会。

罗宾斯很可能是美国最重要的自助导师，尽管他的传记片《托尼·罗宾斯》（2016 年）的副标题是《我不是你的导师》。托尼·罗宾斯不是旅行推销员，他在广播电视上推销他们组织的研讨会（他当然也销售保健品）。当托尼·罗宾斯在《蒂姆·费里斯秀》中亮相的时候，他和费里斯谈到了吉姆·罗恩带来的深刻影响。喜欢收集格言的费里斯说，那些源自罗恩，但被张冠李戴的格言多得让他惊呆。费里斯小时候经常失眠，所以他观看了许多深夜播出的电视购物节目。当他在大学期间开始他早期的生意时，便是将这些节目作为他仿效的样板。他有一本三环活页夹，专门用来收集打动人心的广告。除此之外，他还会打电话到电视购物节目，解析他们的销售脚本和策略，这在"迅思"的营销中有着明显的痕迹。[32] 通过在网络上供应保健品、提供自助类建议，费里斯将罗恩的传统延续了下来。

尽管有这项传统，费里斯还是一名无与伦比的药物百事通。正如《每周健身4小时》的一名评论者写到的："费里斯先生极力兜售的'巫婆杂烩'集果汁、坚果、饮剂和药物于一体。读完前面某章后打出来的典型饱嗝是这样的：'体脂过高？试试定时服用蛋白质和餐前柠檬汁。肌肉太少？试试生姜和德国酸菜。睡不着？不妨增加饱和脂肪的摄取，或者挨冻。'"[33]

这些在厨房"动的手脚"和许多保健品一样，大部分是无害的，但实验却并非零风险。费里斯曾经因为在一次实验中服用了大剂量的白藜芦醇而导致严重腹泻。这种化合物存在于葡萄酒中，可能有提高耐力、延长寿命的功效——至少在老鼠身上。费里斯想让一个运动科学实验室里的人为其耐力折服，于是自己服用了一堆药片，却不知道药片中也含有泻药成分。他遭受了严重的肌肉痉挛，流了非常多的汗，在马桶上待了45分钟——也算是一项别具一格的耐力记录。

费里斯等人觉得保健品和自助语录引人入胜，是因为它们也是工具——是容易对身体和大脑产生影响的小助力，至少他们这么相信。

对我有效

黑客文化是由旧金山湾区的 3 名出版商一手孕育的。我们已经提到过斯图尔特·布兰德（以《全球概览》系列闻名）和凯文·凯利（《连线》、"炫酷工具"和 QS）。第三位出版商是蒂姆·奥赖利，他的公司出版的技术书籍深受编程人员的喜爱。他和布兰德及凯利一样，也是一名召集人，组织讨论技术相关议题的会议。新的词汇和运动在这些会议中不断地涌现，包括"Web 2.0"和"开源"（open source）在内。回忆一下，有关"生活黑客"的第一次讨论就发生在奥赖利组织的会议上，奥布赖恩和曼也是首先在奥赖利的《制作》（Make）杂志上写作有关"生活黑客"的专栏，他们本来还应该为奥赖利的黑客系列写一本书。

蒂姆·奥赖利在和凯文·凯利合作"炫酷工具"的播客上分享了一些他最爱的保健品："它们有点儿神奇……不是对所有人管用。"奥赖利推荐把感冒灵和黑接骨木果混在一起治疗感冒："有人认为这是假药，但我就会想到我爸爸——一名神经科医生——提起针灸时说的话，'没道理，但管用就是管用'。"而斯图尔特·布兰德让奥赖利喜欢上了一种抗衰老的能量补充剂："布兰德说你得试试这个，于是我试了，然后……我觉得它让我年轻了 10 岁。"

奥赖利尤其赞赏布鲁斯·埃姆斯（Bruce Ames）销售的一款产品，他是伯克利一名有名的生物化学家，他"说对他没用，但科学说这款保健品应该有用。他承认这不是对所有人都有效，我喜欢这一点"。[34]

奥赖利在推荐这两样东西时都简略地提到了科学的基本原则，即有关合理的理论和精确的结果的基本原则。然而，他的例子均缺乏足够高的标准。经络的针灸理论没有任何道理，严格缜密的研究也没有取得任何研究结果。科学理论说布兰德推荐的能量补充剂应该有效，但实际结果并不一致——尽管它在布兰德和奥赖利身上确实有效。既没有靠得住的理论也没有靠得住的结果支持针灸和这款保健品的疗效，但它们似乎对某些人有效，于是它们显得"有点儿神奇"。

为什么即便是在具备理性头脑的人中间，我们还是会发现"有点儿神奇"和"对我有效"的念头？[35] 正如我们已经讨论过的，启蒙时代、现代化和数字时代的特征可以被归为渐增的不确定性。人们继而开始寻找各种方法来填补这一空洞，尤其是在面对个人疾苦的时候。

除了对实验的嗜好，黑客思维中还有一种固有的乐观。只要有足够的理解力、足够的聪明，我们应该就能充满技巧性地突破人类身体的极限。这一信念的根基并不是超自然的，而是由外推法*推演得来的。一些高科技创新正在以指数级的速率进步，于是

---

* 根据过去和现在的发展趋势推断未来的方法。

雷·库兹韦尔等技术专家才会服用那些保健品，希冀能活到生物技术的进步最终攻克衰老的那一天。还有一些硅谷的大人物正试图输年轻人的血预防衰老，这样一次输血的花费为 8000 美元。

这种对技术的信心并不是毫无根据的，人们正在向着一个非凡的未来迈出重要的第一步。定制化药物——根据病人具体的身体情况和病史为其量身定制治疗方式——是人们预期的"量化自我"能带来的成果之一。例如，近几十年来，我们知道 25% 的乳腺癌患者有一种导致细胞生长受体数量过多的基因（HER2 蛋白）。这类病人往往会使用一种针对该蛋白的药物。随着基因测序技术和对病人健康状况追踪技术的进步，这样的定制化有望普及起来，但目前我们仍未走到那一步。

关于这种思维的另一种解释是，就算存在关于安慰剂效应和混杂变量的警告，相信人们自己的实际经验实在是人之常情。我个人比较倾向于这一种解释。我会在感冒发作的时候服用锌含片。几乎没有证明锌含片能有效治疗感冒的研究证据，而且锌会让你的味觉变迟钝。但我在服用含片后感冒确实好转了，而且也从没有出现长期的副作用。这个方法对我有效。我的妻子则极其信赖她的"热托地酒"——一种混合了柠檬、烈酒和蜂蜜的饮料。这两种治疗的好处是它们都为人熟知、无害而且便宜。

只要没有害处，所有人都有权使用其宠物的药方。但新颖的疗法可能不太安全，或者不太有效，而且如果是别人用来谋利的东西，还是谨慎为妙。只有当一项疗法相比于虚假疗法和已证实有效的替代疗法更有效且代价更低（金钱以及风险）的时候，"管用就是管用"这句话才真的管用。

"双豆餐"，选择和控制

罗布·莱因哈特（Rob Rhinehart）将黑客精神应用到了生活中的方方面面。他是位极简主义者，热爱接受挑战。莱因哈特的家仅靠着一块 100 瓦的太阳能电池板供电，他还曾经挑战自己每天最多使用 4 升水。他认为定期把脏衣服捐到慈善机构、从中国订购定制服装要比洗衣服更有效率、更加环保——让人不禁联想到泰南扔掉 5 美分和 1 美分硬币的决定。至于吃，他相信他可以设计出营养的代餐。

在 2013 年一篇题为《我如何戒掉了食物》的帖子中，这位软件工程师写到了他在用"双豆餐"——一种奶昔粉——的前身进行的 30 天实验中收获的好处。莱因哈特研究了教科书和美国食品药品监督管理局（FDA）的出版物，并从网络上订购了他用来制作这款奶昔粉的营养配料。他发了相关的博文，网友则给出了评论和建议。莱因哈特表示如果有人愿意把他们的验血结果发给他，他可以赠送一些免费的成品给他们："在试用前后各进行一次心理评估还有额外奖励，大脑也是（需要研究观察的一个）器官。"[36]

莱因哈特自己的实验结果格外喜人。他报告说他的皮肤变得更健康了，牙齿变得更白，头发更加浓密，头皮屑也没了。他感觉自己像"无敌金刚"一样：有更加强壮的体格、更持久的耐力以及前所未有的敏锐大脑。他的觉察力提高了，更能从音乐中得到乐趣。莱因哈特为此惊叹："我注意到了我身边的美和艺术，而我以前从没注意过这些。"至于他的"量化饮食",他对食物的渴望、对味觉的满足最终和他的实际需要达成了平衡,他对进入他身体的东西"一清二楚,有着完全的掌控"。[37]

我很早就从莱因哈特的博客上知道了"双豆餐",但正是因为他声称有那么多好处,我一直对之存疑。他听上去像个高科技的江湖术士,兜售着一种不太好吃的灵丹妙药。在"双豆餐"产品迭代的大部分历史上——从 2014 年年初的 1.0 版本到 2016 年年末的 1.7 版本——其用户一直在抱怨胃痛和肠胃胀气的问题("2.0版"是 2015 年推出的即饮版)。

随着产品日趋成熟,莱因哈特不再宣传"双豆餐"在健康方面的功效,他转移了重心。2015 年,他宣布"双豆餐""或许是有史以来最环保的食物"。[38] 灵丹妙药出局了,高效食物粉墨登场。就算没什么改善健康的效果,至少它成本低廉,又能方便地提供营养。然而在 2017 年年初,他的博客消失了,取而代之的是爱默生(Emerson)的一则晦涩的格言:"毫无疑问,我们不会问出无法回答的问题。"也就是说,我们可能会问的问题总是有答案的,只要我们足够锲而不舍。我怀疑他是在"双豆餐"的投资者和律师的指示下关掉了博客。关掉网站显然还不足以解决问题。2017年,莱因哈特又卸任了"双豆餐"公司的 CEO 职位——其头衔变成了执行总裁。"双豆餐"的爱好者担心其投资者会将"双豆餐"打造成一款高端利基产品 *,而不是一款大家都能用的营养方案。

---

* 指以某一特定群体为受众的产品或服务,通常都是小批量生产或者定制生产。

尽管如此，而且和本书的写作无关，我认识许多使用代餐代替早饭或午饭的人。一如对量化的深信不疑、相信经验胜过专家意见以及高科技小装置的诱惑，他们选择"双豆餐"的理由反映了他们的性格和这个数字时代的特点。

*

认识罗恩·A（Ron A.）是在我们的宠物狗一起玩耍的宠物公园。通过简短的交谈，我得知他是一名软件工程师，而且他知道我写过一本关于维基百科（Wikipedia）的书。我们同是极客。他的衣着打扮还让我觉得他可以成为这本书的好素材。罗恩常常按着今天是星期几穿对应印花的彩色 T 恤。周中的时候他会穿绿色的"星期三"T 恤，第二天则会穿藏青色的"星期四"T 恤。我采访他的时候，他说他试图"把简单、可重复的东西弄成可以穿的'制服'，这样可以减少日常的认知负荷"，而这些 T 恤是他所付出的这份努力的一部分。[39]罗恩试着在谷歌上搜索，想看看这样的衣服是不是真实存在，然后他发现真的可以在"极简主义 T 恤"（Minimalist Tees）网站上买到这种 T 恤——这个网站现在已经不存在了。许多极客和设计师都做过类似的事情，包括史蒂夫·乔布斯和他的蓝色牛仔裤及黑色高领毛衣。

与数字时代的不确定性形成互补的是应有尽有的选择：生活的方方面面都在等待着我们的评价、点赞、点击，左滑、右滑。虽然这听上去很美妙，似是而非的是，当我们把时间浪费在做选择以及接踵而至的自我怀疑上时，选择便可能会引起焦虑感。[40]有些人希望从名人那里得到指引。上千人认为格温妮丝·帕特罗

（Gwyneth Paltrow）的电商网站（goop.com）上卖的东西一定好用，包括"提高治愈力的可穿戴贴纸（千真万确！）"。虽然黑客喜欢某一特定领域内的多样选择和复杂性，他们在其他领域内追求的却是简化。装备清单和极简主义便是他们用来简化他们同物质的关系的其中两个方法：将珍贵的东西放在最重要的位置，其他东西可以一扔了之。极简主义事关与物质的关系，代餐则事关与营养的关系。

"双豆餐"让罗恩做到了将事情简化：节省了（购物、烹饪和打扫的）时间、金钱（这种摄取营养的形式价格低廉），还避免了浪费（可以存放好几个星期）。除非要和同事一起出去吃饭，不然他的午饭便是"双豆餐"。

我问罗恩他是怎么想到尝试"双豆餐"的，他说这和他对比特币——网络加密货币——的兴趣有关。罗恩关注了莱因哈特的早期实验，他说"同样身为软件工程师"，莱因哈特对待营养的方式让他很有共鸣。当莱因哈特在为一款畅销产品众筹时宣布他也接受比特币，罗恩就出了一份钱。

"科技艺术"（Ars Technica）网站的资深编辑李·哈钦森（Lee Hutchinson）写道，"双豆餐"将人们分成了两类：反感这个观念的人和"热切地等待着送货"的人。后者之所以选择"双豆餐"，是因为对这些"极客型"的人来说，烹饪是一个"模糊的"模拟过程，会引发焦虑（相较而言，他们认为烘焙具有更高的确定性）。另外，"双豆餐"也有助于改善人们同食物的不健康关系。

　　"双豆餐"是食物中的美沙酮。它并不是科幻小说中的魔力药丸，但具备了那种药丸的许多特点。它不美味，但令人满足。吃"双豆餐"不会造成暴食者在狼吞虎咽时体验到的那种内啡肽激增，而且准备起来也很方便。你可以把它当零食吃，或者偶尔当饭吃（或者完全当饭吃，只要你想），不用跟吃的欲望做斗争。或者，换个说法——当你习惯了只吃炸鸡块和热狗的时候，你可能会挣扎是要自己做一份健康的沙拉还是上餐馆点一份健康的沙拉，在继续吃炸鸡块或者继续点热狗的选择面前，这样的挣扎或许会让人难以承受。而"双豆餐"只是一样为你的身体供能的东西，不会引发吃错了东西的焦虑，也不会加重相关的抑郁。[41]

　　"双豆餐"的一些用户喜欢细细钻研营养和验血结果的细枝末节，另一些用户则是因为其简单才选择了它——这似乎有些矛盾。选择简单这个观念本身就有点矛盾，但对黑客来说，它还不至于那么矛盾。

　　正如我们已经看到的，只要有可能弄出一个以后可以利用的系统，黑客们很乐意预先投入时间和精力。泰南这样评价自动化的益处："我喜欢长远看来划得来的一次性投入，我之所以把我的书起名为'超人'，就是因为设置许多简单的系统往往能让你取得超人般的成果……而且你可以长期地享受那些好处，只需要一点点维护就可以，或者完全不用维护。"[42]

　　另外，黑客们也很推崇抽象性和模块化，这是他们用来控制复杂系统的方法。假设我需要在一款应用软件中对一列姓名进行排序，我可以将这些姓名传给排序函数，函数随即会返回一个排好序的列表，我并不需要关心这个函数是如何实现排序的。如此一来，排序就实现了模块化：我并不需要知道细节。要是我想了解细节并执行我自己的版本，我也可以做到；但如果没这个需要，我就交给排序函数全权代理。当莱因哈特写到他"一清二楚，有着完全的掌控"，意思是他和其他爱好者可以设计"双豆餐"的配方，但大部分用户并不需要费这个劲。由于过程是透明的，如果他们需要，他们就可以加入讨论，一旦完成了初步研究，他们就能为自己减少准备饭菜的认知负荷。

　　简而言之，黑客们习惯使用复杂的系统，习惯有丰富的选择，但他们在一开始就设置好了合适的默认值，以便把注意力集中在他们最感兴趣的事情上。正如科林·赖特对极简主义的描述："极简主义是去掉你不关心的东西——你不需要的东西，这样你才能让自己更多地投入到让你有热情的事情中去。"[43]这句话曾经适用于软件和物质，现在同样适用于食物。

试图去相信

　　和凯文·凯利和加里·沃尔夫一样，克里斯·安德森（Chris Anderson）也是《连线》杂志的一名杰出老员工，他于2001年至2012年在《连线》担任总编辑。尽管有很多疑问，安德森还是很早就开始了自我追踪之路，就在凯利的首次会议之后不久。2016

年 4 月，他在推特上说"经过多年事无巨细的自我追踪（活动、工作、睡眠）"，他认为自我追踪"毫无用处。所有结论都是显而易见的，而且缺少激励"[44]。一些人对他的推特做出了回应，为这一实践进行辩护：他们学到了哪些食物会让体重增加，他们很享受把自己的数据画成图表，据说还有人自己发现了专业人士没能诊断出的疾病。有些人仍在继续自我追踪，希望能在未来对数据进行更好的整理和分析，从中获得一些启示。也有人同意安德森的看法，并表达了他们对不可靠的设备和数据的失望以及沮丧。斯图尔特·布兰德回复道："我就这么做了几个月，比安德森还要懒。不是所有发光的东西都是金子。"[45]经证明，自我追踪是自我认知的一名"近敌"。当安德森被问到他为什么坚持了这么久，他简洁地答道："我试图去相信。"

　　本章讨论的是"量化自我"的愿景，它是向内的，向着"通过数字认识自我"的目标。凯利等人认为，他们获得的任何结果都可能有助于回答遥远的地平线那端的重大问题：人是什么？我们必须以生物的形式存在并终将死亡吗？平常的问题也好，一些宏大的命题也罢，它们都令人难以抗拒。首先，谁不想睡得更好、保持好身材、甩掉所有让人尴尬痛苦的身体麻烦，尤其是当身体日趋衰老的时候。小心谨慎地实行自我追踪和实验是有可能带来收获的。然而，尽管凯利表示那些答案"可以在个人身上得到解答"，个体并不是灵丹妙药——事实上，"对我有效"这句金句也可能完全无效。其次，任何看着仿生英雄长大的人都会对赛博格和机器智能的概念着迷。有人认为为这项雄心壮志付出努力是值得的。尽管未来充满了不确定，这一抱负让他们感到了希望。只是，这一兼具即时收益和遥远的可能性的愿景并不总是那么清晰。

我们已经意识到，拥塞着信息和选择的数字时代可能让人无所适从。我们不知道该听谁的意见，谁更值得信任。罗伯茨等黑客自然而然地肩负起了这一责任，他们选择相信自己创造的让生活变舒适的系统和方案，而且有理有据，尽管结果并不总是让人满意。黑客往往是富有乐观精神的一群人，为了获得控制感和意义感——如果还有比这更好的理由的话——我之前提到过，凯文·凯利的置顶推特是"从长远来看，未来掌握在乐观主义者手中"。[46] 超人类主义者、反熵主义者、黑客以及极致的乐观主义者并不仅仅在预测未来，他们也在努力把未来变作现实。他们在实验、系统和保健品的帮助下竭力成为超人：更强、更聪明——哪怕只是快 30 毫秒的更聪明。然而，那些紧盯着遥远的地平线奔向未来的人，也很容易忽视不断向他们逼近的边缘。

6 关系黑客

2005 年，尼尔·施特劳斯的畅销书《把妹达人》将一项鲜为人知的亚文化带入到了公众视野。书中的主角是一位有抱负的魔术师，艺名谜男（Mystery）。谜男同样是一名多产的供稿人，多年来一直在为网络上的把妹论坛供稿。搭讪艺术家们（PUA）在这样的论坛上讨论他们的把妹理论、发布他们在真实世界中"出击"的田野报告。《把妹达人》一书记录了"好莱坞计划"的发展历程。一群 PUA 住在迪安·马丁位于洛杉矶的前豪宅里。身为数字流浪者和自助超人的泰南也是该计划的一分子，他写道，该书的后半部分描绘了"谜男和我开工作坊教课、我抢了他女朋友（两次）、库特尼·洛夫（Courtney Love）搬了进来、我第二次尝试多相睡眠以及许多其他精彩故事"。[1] 这本书造成了不小的轰动，书中男性们贪声逐色的风流故事既可以当作八卦小报阅读，也可以当作角色研究、入门指南，或是一种文化控诉。所有人都能从中找到点什么。

《把妹达人》中许多角色的原型人物趁着这本书流行，做了不少宣传曝光——即便其获得的大部分关注都是批评。那些开办把妹研讨会和工作坊的人扩展了其业务，像泰南就推出了《让她倒追：吸引你高攀不上的女孩的技巧指南，即使你既不富裕也不英俊》(*Make Her Chase You: The Guide to Attracting Girls Who Are "Out of Your League" Even If You're Not Rich or Handsome*)。谜男则写了《谜男把妹法：如何推倒美女》(*The Mystery Method: How to Get Beautiful Women into Bed*)，VH1 频道 * 的一档真人秀还对之进行了实践。[2]

谜男将他的把妹法称为"把妹算法"。虽然他的大部分读者唯一关心的数学问题是"穿紧身毛衣的美女的"电话号码，但算法对一场精彩的游戏至关重要。他声称："是我发明了那个算法。"[3]

生活黑客在生活中的方方面面使用着系统和算法。回忆一下保罗·布赫海特的信念——"我们的整个现实就是系统的系统"，以及"只要有系统，就有黑入系统的可能"。布赫海特还引用了蒂姆·费里斯的散打技术、塞思·罗伯茨的健康黑客技巧以及《把妹达人》作为佐证。[4] 即便是在计算机黑客领域中，也存在着**社交工程学**的严重安全漏洞。黑客通过假冒他人和各种诡计骗取目标的信任，进而套出他们的密码。如果连计算机安全都能被社交工程学黑掉，社交互动本身为什么不能被黑呢？

所有事物都是系统的观念让人联想到"拿着锤子的人看什么都像是钉子"的说法。从这句格言衍生出了很多句子，包括亚伯拉罕·马斯洛（Abraham Maslow）1966 年的沉思："我想，如果锤子是你唯一拥有的工具，你就很容易把什么都当成钉子。"[5] 从这

---

* 美国纽约的音乐频道。

方面来思考生活黑客现象有两个好处。首先它强调了比喻的力量：对生活黑客而言，系统可以被理解成游戏，而黑客技巧则是工具。其次，"马斯洛的锤子"中也隐含着批评：拥有工具可能会歪曲人的判断力，并导致工具的误用。黑客技巧是强大的工具，对那些相信现实就是"系统的系统，无穷无尽的系统"的人来说，一切似乎都可以用其力量修正。但正如我们将要看到的，对工具的过度依赖可能让人心力交瘁。

《为什么我永远不会有女朋友》

不理解极客身份就无法理解关系黑客的现象。成为极客即意味着远离主流，往往还意味着属于某种亚文化。在人们的刻板印象中，极客以不擅长社交著称，聪明才智和对计算机、游戏及漫画的热情才能定义他们的特征。于是，极客身份有着不安全感和（相较于）主流的优越感的特点，并且这两者往往同时存在。[6]

我们可以在一则 1999 年的经典互联网旧闻——《为什么我永远不会有女朋友》——中看到上述二者的并存。在这篇文章中，计算语言学家特里斯坦·米勒（Tristan Miller）给出了"使用简单的统计学分析得出的他不可能找到女朋友的证据"。他排除了存在"我本身的问题"的可能性。他找不到女朋友并不是因为笨手笨脚或者不够时髦，这仅仅是概率的问题——并没有那么多适合他的女性。米勒要求他的理想女友在外表上比平均水平高出两个标准差，还必须足够聪明，但她的聪明程度不用媲美于她的美貌程度。米勒从这些要求开始进行演算。接着，他又根据年龄、是否单身以及相互吸引进一步进行筛选。最后，在全球范围内只剩下几千名女性符合米勒的择偶标准。然而，这些"明珠"全都遗落在了茫茫人海中。如果他每周都和一名不同的女性相亲，要等到3000多周以后他才能遇到一位符合他择偶标准的女性："我们可以肯定地说，在找到那位'梦中女孩'之前，我已经死透了。"[7]米勒在20年前抱着半开玩笑的态度这样写道。他的故事让我们看到，高级数学推理的假象会如何掩盖找不到女朋友的不安全感。

如今，网络上一些男性正愤愤不平地谈论着"非自愿单身"（incel）。或许他们最终会吞下那颗红色药丸［来自《黑客帝国》（The Matrix）的引用］，获得觉醒，并加入另一条"米格道"（MGTOW）*。这些"理性男"（Rational Male，也是一个博客的名字）遇到的困境是：其需求要么被忽视，要么被拜金女之流利用。

但搭讪艺术家们仍然怀抱着希望。他们相信"挫男"（AFC）也能被改造成"阿尔法男"**（男性主义文化中充斥着对流行文化的引用、行话和简称）。PUA运用理性来认识吸引女性的模式，也运用理性来学习能让他的欲望获得满足而不是受到利用的算法。

研究这一亚文化的学者认为，这些不安全感是非常强大的。马特·托马斯指出，搭讪和生活黑客吸引的是同一个"白人男性极客"群体，造成这两种现象的深层原因都是一种"后工业的男

---

* Incel 由"involuntary celibate"（非自愿单身）拼凑而成。红色药丸出自电影《黑客帝国》中，吃下红色药丸则会回到真实世界，吃下蓝色药丸则会继续在虚拟世界中生存。MGTOW 是"男性自行之路"(Men Going Their Own Way) 的简称，它是宣称男性自主权的网络社区。
** AFC 是"average frustrated chump"（沮丧的普通蠢蛋）的缩写。阿尔法男指具有领袖气质的男性。

性危机"。搭讪艺术家的应对策略是黑入引诱系统："他们发起了逆向研究，将吸引女性简化为一系列步骤、脚本、程序，理论上，任何男性都能够应用并获得成功。""蒂姆·费里斯和尼尔·施特劳斯是朋友，"他问道，"这难道不是理所当然的吗？'蒂姆·费里斯实验'的其中一集就是讲他学习怎么搭讪女性，在那集里费里斯还咨询了（计算机）黑客萨米·卡姆卡尔（Samy Kamkar），这些有什么可奇怪的？"[8]

和极客的不安全感形成互补的是一种关于理性的优越感，这种优越感有时候让极客们显得像是吹牛大王。一位著名的计算机黑客在发现搭讪文化后写道："我就是PUA所谓的'天赋异禀者'，那种无师自通、只要有兴致就能在把妹这件事上大出风头的人。"幸运的是，别的黑客"不用在这个约会游戏的鲨鱼池中充当无助的诱饵。我们有我们的优势。只要稍微了解一点人类的行为习惯，我们就可以把这些知识有效地运用起来"。[9]

谜男传授给他的读者的正是如何运用其极客优势。

> 我也是个极客。事实上，一般说来，极客都是聪明人，他们只是没有把他们的聪明才智应用到社交场合中而已……当你将其他人类看成是漂亮又举止得体的生物机器，他们身上安装的复杂的嵌入式行为系统是为了与他人保持一致，以此最大化其生存及繁衍概率，这样一来，理解人类以及你在其中的位置的任务便变得可以掌控了……有我作为你的朋友和向导，你就可以开始向你的行为系统

上传求爱艺术的程序。经过练习和内化，搭讪就会变得手到擒来。[10]

简而言之，成功的搭讪艺术家是改良版的极客，为了黑入他人的行为系统，他先为自己的行为系统重新编了码——于是优越感取代了不安全感。这里的自助卖点在于，只要掌握了正确的工具，挫男们就不会再感到挫败。

搭讪的起源

谜男声称是他发明了把妹算法，但其实不然。不过，他确实为这一算法的最新迭代做出了重要的贡献。作为一名执行者，他将吸睛的穿搭法（称为"扮孔雀"）引入了把妹算法，也确立了同陌生人建立和睦关系的新规则。谜男精通不同款式的眼线笔和羽毛披肩，玩起小把戏和读心术来同样出类拔萃。但要说当代搭讪文化的起源，至少可以追溯到 50 年前。

搭讪文化起源于 20 世纪 70 年代的两件事物：性解放，把大脑比作计算机的类比。性解放是指人们可以更自由地约会。埃里克·韦伯（Eric Weber）出版于 1970 年的作品《搭讪女性指南》（*How to Pick Up Girls*），目标读者就是有机会发生婚外恋、但又不知道该怎么让事情发生的那些男性。韦伯向他的读者断言，"正常、健康的年轻小姐喜欢性"，她们"很乐意和你上床，你只需要问一问她们"。例如，和平集会就是搭讪"漂亮女人"的好地方，"即便你（私底下）支持战争"。[11]

韦伯的书让人毛骨悚然，他的写作推崇男性权利、物化女性。在这本书臭名昭著的开篇中，韦伯描写了看到一名走在街上的女性时产生的联想："你情不自禁想再多看一眼她的大长腿，她滚圆的美丽胸部，她紧致的翘臀。有那么一瞬间，你甚至想到了强暴。"[12] 这一不光彩的历史仍然影响着今时今日的搭讪文化。女性在语言层面上被物化、被从 1 到 10 的"辣妹"（Hot Babe）量表量化。而在实践中，支持心理虐待和身体胁迫的搭讪导师被禁止在某些国家旅行或开设研讨会授课。出于类似的担忧，搭讪指南也在众筹网站 Kickstarter 上遭禁。这是损人利己的意识形态，却被当作搭讪技巧和两性关系忠告贩卖。除了对其目标对象造成的伤害，它也扭曲了其读者的态度和个性。

除了发生性行为的机会越来越多，70 年代的流行文化也折射出计算机日益增强的影响力。虽然计算机配对可以追溯到 1965 年的哈佛本科生，但在这一时期，计算机学对搭讪的贡献还只是象征性的。搭讪学的许多理论衍生自神经语言程序学（NLP）。20 世纪 70 年代，为了尝试识别在心理治疗方面有卓越成就的大师在治疗过程中运用的语言技巧，神经语言程序学应运而生。你可以把治疗师使用的语言技巧看作是神经机器编码的一种形式。NLP 被称为"关于卓越的艺术和科学"，并承诺人人都能学会那些优秀治疗师的沟通技巧。[13] NLP 在很大程度上将自我和沟通看作是映射或模型，自我和沟通的塑造都是循序渐进的。

但此后 NLP 不再被作为正统的心理治疗看待。一篇学术评论将之归为"货物崇拜*心理学"。[14]然而,它在包括托尼·罗宾斯在内的自助导师中却很有影响力。"呆伯特"(Dilbert)**的创造者兼自助内容作者斯科特·亚当斯(Scott Adams)欣然承认了 NLP 对他的影响。在费里斯对他进行的访问中,亚当斯将他对说服和催眠的兴趣追溯到了 NLP,并建议听众将他们的生活看作一个系统。他在《事事惨败的大赢家》(How to Fail at Almost Everything and Still Win Big)一书的开头阐述道:"你的大脑不是魔术,它是一台松软的电脑,你可以对它编程。"[15]

虽然人们有意将 NLP 作为自我提升的手段,但最信奉它的却是那些想要吸引异性的人。"快速引诱学"的倡导者罗斯·杰弗里斯(Ross Jeffries)在 20 世纪 80 年代将 NLP 和催眠加入到了搭讪术中。在一名计算机黑客的帮助下,杰弗里斯也将他的方法带到了网络上,他在 90 年代成立了"新闻组"(Usenet)***群组 alt.seduction.net。许多搭讪学导师,包括谜男在内,都是在那里迈出了他们的第一步。杰弗里斯现在依然非常活跃——还对最新一代的搭讪学导师们受到的关注有那么点儿愤愤不平。

我们可以在 NLP 和搭讪学共有的概念中看到两者的交集,其中包括"解读线索"(accessing cues)、"锚定"(anchoring)、"镜像"(mirroring)和"重新搭框架"(reframing)。例如,解读线索

---

* 货物崇拜(cargo cult)常见于一些落后的社会中,货物崇拜的信徒会举办迷信的仪式,希冀通过这种方式获得来自科技更先进的社会的货物。
** 美国漫画家斯科特·亚当斯从 1989 年开始创作的四格漫画,其主人公呆伯特是一名不受异性待见的单身工程师。
*** 早期的网络讨论组。

是观察能够暴露内心活动的眼球运动，镜像则通过模仿他人的微行为来建立默契或强化行为。杰弗里斯在他的写作中通篇都在使用这些概念，并竭尽所能地发挥隐喻和谐音的暗示作用。在2011年的一篇博文中，他写到了他和一位德国女性之间带有催眠性质的互动，这位女性是他朋友的助理。当杰弗里斯说了点高中学的德语，她称赞了他的发音。他回应道："我觉得语言是有感觉的，而且在你的嘴里具有一定的形状。你能在对的时间在你的嘴里感觉到它。"

她想了一会儿，然后说："真的是这样。我会说一点法语，法语在嘴里的感觉很不一样。"

我说："没错。法语非常柔软。但德语在你的嘴里非常硬。"（这一次我加重了语调，语气更加挑逗。）

她的瞳孔扩张了片刻，做了个深呼吸，而且脸很明显地红了。当她这样反应的时候我轻轻地点了下头表示肯定，她也轻轻点了下头（镜像），自己都没有意识到。[16]

由于他有女朋友，杰弗里斯应用的招数是"让她们上钩，到手后再放开"，但他鼓励其读者试着在和女性对话时应用相同的技巧。熟能生巧，即便——在当下那一刻——你还不能一下子将事情贯彻到底。

杰弗里斯的故事是粗鲁和伪科学的怪异组合。语言很强大，但它不是魔法。将大脑视为计算机，将两性关系看作是系统，这样既有优势又有局限。认为我们能够改变自身、改变环境是有用的观念，但这一观念也可能遭到滥用。我怀疑将谈话引向"新的方向"（new direction）是否真的会像杰弗里斯所说的那样，让女性更容易接受"赤裸的勃起"（nude erection）。我也怀疑那位德国女性是否仅仅是在对老板的朋友表示礼貌。

就这方面来说，关系黑客和健康黑客的某些主张很像：通过一些奇闻逸事和推荐感言，把边缘科学用在一些"可疑"的地方。然而，对孤独和系统化的思考者来说，行为模式和系统显然深具魅力。

极致：两位 HB10 的辣妹

人们渴望让生活变得更简单，这并不仅限于男性和黑客。杰弗里斯在 1992 年推出了《如何推倒你梦寐以求的女人》（*How to Get the Women You Desire into Bed*），而埃伦·费恩（Ellen Fein）和谢莉·施耐德（Sherrie Schneider）在 1996 年出版了《规则：俘获白马王子"芳心"的不败秘诀》（*The Rules: Time-Tested Secrets for Capturing the Heart of Mr. Right*）。[17] 在后一本书中，其作者鼓励读者遵守 35 条吸引和留住丈夫的规则，做一名"规则女孩"——这些书的性别刻板印象恰到好处地形成了互补。尽管费恩在出版《规则》期间正经历着婚姻的分崩离析，她和施耐德仍旧相继推出了更多规则类的两性关系读物。费恩自然也将其离婚归咎于**没有**遵守她的规则。

用规则处理两性关系的并不只有男性，人们也不是到了新千年才开始这么做，但这种方法在 21 世纪还是有着更广泛的影响。量化和优化的便利使得人们能毫无节制地评价他人、毫无节制地

将别人（和自己）当作基于规则的"湿机器"*来对待。在 20 世纪
70 年代，光是关于编程的比喻已经足以形塑人们互动的方式，而
如今是真正的程序在塑造着我们的互动——当我们在智能手机上
点赞、左滑、右滑和评价他人的时候。[18]

    在追求和人的连接的过程中，和 HB10（"辣妹"量表中打
10 分的女士）约会、俘获成功男士成了我们不断优化的目标，但
这些目标注定会导向一个悲惨的结局。如果《把妹达人》传达了
什么寓意的话，这就是了。施特劳斯这本书的戏剧性在于，他为
自己不再是挫男而洋洋得意，但之后这位阿尔法男崩溃了。施特
劳斯以笔名"型男"（Style）获得了成功，但在实践中，他逐渐意
识到"用来开始一段关系的有效技巧无一例外地违反了维持一段
关系的每一条必要原则"[19]。引诱很有可能成为（人与人）连接的
"近敌"。另外他还发现，在男性伙伴中维持地位的需要甚至取代
了和女人上床或者找女朋友的目标。施特劳斯后来称自己有性瘾，
并开始接受治疗——这是他下一本书的主题。谜男则在追求同时
拥有两位女友——都是 10 分，一位是亚裔，另一位是金发，简直
完美——失败后受到打击，进了精神病院。优化目标的风险在于
太容易对有诱惑和可量化的东西上瘾，或者太容易让人忽视其他
的目标和意义。

    技术娴熟的程序员其实对这种风险很敏感。虽然人们天真地
使用着"编程""优化"这样的词汇，初级程序员得到的告诫却是

---

* 这一说法可能和"湿件"这一计算机术语相关，湿件指的是软件、硬件之外的其他"件"，即
大脑。

"过早的优化是所有罪恶的根源"。还没查明优化对象是否是造成实际的性能瓶颈的原因就急于优化,这是写代码时很容易掉入的误区。这就好比还没确定你有菜谱需要的所有配料,就操起磨利了的刀开始切洋葱。

设计优化算法的人尤其明白这一点——他们所说的是会导致全局优化失败的局部优化。想象一下:你被蒙住了眼睛,但还是想要在特定区域内找到一座高山。比较单纯的搜索算法是只向前或者向上走,你可能会找到一座山,但那可能不是你想找的高山。于是,算法设计者会故意在其算法中加入模糊度,这样他们就能稍微四处走走,即便那意味着在到达更高的山峰前,有时候要走点下坡路。过分单纯的优化往往只能获得次优的结果,而最优的结果需要一点灵活性——我将在本章结尾回到这一点上来。

经验丰富、技艺纯熟的生活黑客或许能够设计出一个达到了完美平衡的全局最优系统。尼克·温特在提高工作效率的同时也在追踪健康和社交目标,他这么做的目的正在于此。但这样的系统不可能适用于所有人,除非是愿意量化和优化一切的专注的黑客。不然,极致的黑客行为就会遭遇对寻找 HB10 辣妹或者成功有为的丈夫这样的目标进行优化的风险——这种优化太过简单化了。对许多人来说,这样的目标并不容易达到,即便达到了,你可能也会觉得它们肤浅、无法真正得到满足。

用"马斯洛的锤子"的比喻来说就是:如果你有一把优化过的锤子,它在把钉子钉入石膏板时很好用。但问题是,当你退后几步想要欣赏你刚刚挂上的照片时,却发现钉子根本没法挂住照片。

名义：讨人喜欢的挑战

不是所有人的优化目标都是斩获许多女朋友或者一个富有的丈夫，但即便是没那么浮夸的目标，许多人也尚且缺乏实现的技巧和信心。为此，黑客们接受了挑战，向着"不再单身"这一名义上的目标前进。

挑战是生活黑客最钟爱的工具。例如，洗冷水澡带来的效能感固然与其他生活目标无关，但可以迁移到其他环境中，从而为这些目标服务。类似的，害羞、犹疑不决的人可以接受所谓的拒绝疗法（rejection therapy）。在搭讪中，不断地重复可以克服接近别人的焦虑。一名学生可以在同一个晚上试着接近许多女性，他可能会遭到所有这些女性的拒绝。但在这个过程中还是会有收获。他们克服了恐惧，甚至还有可能获得成功。这并不仅限于搭讪。一名生活黑客出售许多种印有挑战的纸牌，这些纸牌既可以单独使用，也可以当成游戏和别人一起玩。"创业者纸牌"包含"30张独一无二的建议纸牌，为你扩展舒适区和'钱'途"。例如，"向一名服务供应商要求1个月的免费服务"。[20]

泰南的书和许多传授搭讪技巧的书籍有所不同，他没有把重点放在操控上。《让她倒追》和《超人的社交技巧》中收录的都是关于如何变成一个讨人喜欢的人的周全建议——也非常系统化。他的目标是教会读者"用诚实并且真实的方式展现出你最好的那些方面"。他说：

在这本书中，我将大谈特谈社交技巧不常为人所道的分析、检验和量化的那些方面。我们会聊到权力动力学、朋友的价值观、机会成本和时间的高效使用。无论我们承认与否，这些因素（以及其他一些因素）构成了我们社交互动的基础，并在生活中深刻影响着关系的质量。有些人觉得这些话题令人不快，或者甚至有些受到冒犯，但不看看工厂里都进了哪些原料，就没法做出更好的香肠。[21]

即便这一方法是分析性的，泰南的出发点却是人性的。我们怎么能把 PUA 那不为人齿的**否定**（negging）手法与泰南所感受到的使命相提并论呢？

在《把妹达人》中，施特劳斯将**否定**定义为看似不经意的攻击或明褒暗贬的赞扬："否定的目的是打压女性的自尊，同时表现出对她不感兴趣的样子——例如告诉她牙齿上沾到了口红，或者在她说完话后递给她一片口香糖。"[22]兰德尔·芒罗在其深受极客欢迎的网络漫画 XKCD 中批评的正是这种否定。在 2012 年的一幅四格漫画中，一个男人试图在餐馆中否定一个女人（图 6-1）。他注意到了她的水果盘，然后说道："你好像是在节食，那可太棒了！"她掀翻了桌子，鄙夷地将那位搭讪艺术家训斥了一番，她告诉他，他对高产、创造力和连接的顿悟全都无可救药，因为他本质上就是庸人一个。[23]

泰南很喜欢看这些漫画，他感到有义务对此进行回应。他承

图 6-1

Randall Munroe, "Pickup Artist," *XKCD*, 2012, https://xkcd.com/1027/.

认有许多混蛋，无所谓是不是 PUA，无所谓男女："坏人确实存在。"但是相对于施特劳斯的观点，他认为否定的意义并不是要打压女性的自信心。相反，否定是一种展示你并不可怕、你愿意用玩笑和逗趣的方式和别人建立连接的手段，就像你和朋友们相处的方式一样。泰南觉得漫画中那名女性的回应有点刺耳，但还算合适，"考虑到一个偶然碰到的陌生人刚刚接近了她，并无礼地冒犯了她"。不过，即便如此，他也觉得这幅漫画有点愤世嫉俗和道貌岸然，因为它隐含着平庸的男性活该受罪——也活该让别人觉得他们麻烦，没有任何改善的希望的意思："当男人意识到他需要提升一下自己才能拥有更好的恋爱生活，在面对这样的残酷事实时，他可以置之不理，拒绝考虑搭讪那一套，同时也可以选择踏上一条困难的道路——学习社交技巧，理解女性，成为女孩子们愿意相处的那类男性。这才是真正的搭讪之道。"[24]

这才是真正的搭讪之道，只要避免过度的优化。《让她倒追》为想要获得吸引力的男性提供了人际交往的工具，即便他们"既不富裕也不英俊"。正如戏仿家庭改建计划的电视剧《雷德·格林秀》(*The Red Green Show*) 中的那句金句所言："如果女人不觉得你好看，那至少得觉得你好用。"这里的"好用"是擅长使用自我展示和互动的工具。泰南想要教会那些不善此道的人如何使用这些工具，让所有人变得更"有用"、更有安全感。然而，当这些工具被用作武器和猎取尽可能多的女性、优化猎取到的女性的"火辣程度"的手段时，面向搭讪的批评就显得恰如其分了。

数据和约会

埃米·韦布（Amy Webb）是一名"量化未来主义者"，她为最近结束的那段恋爱感到悲伤和失望。曾经亲密无间的人成了一段历史，这自然让人难过，但她的失望却是关于未来的。她刚满30岁，想到一切都要从头再来，她觉得自己组建家庭的计划岌岌可危。韦布在著名TED演讲《我如何黑入了网络交友系统》中提到的演算方法和米勒用来解释他为什么没有女朋友的方法非常相似。根据韦布的估计，与她年龄相仿、对体育不感兴趣、住在费城而且她觉得有吸引力的"犹太……人"男性只有35个。如果她想要找到一个这样的男人，就不能再指望偶遇。她必须上网去找。[25]

然而，如果网络交友增加了韦布找到那个对的人的可能性，也同样增加了她遇到错的人的可能性。她经历了几次糟糕的约会，其中一次，约会对象抛下她走了，留给她的是价格昂贵的晚餐账单。她意识到自己需要进行筛选。

韦布秉持着一种黑客的态度。遇到问题时她总表示："我准备在一个系统里跑些数据，然后找到一个解决方案。"她设计了一个基于特质的评价机制，这些特质拥有不同的权重，被分成了两个层级。她还为她的评价系统设置了最低门槛。在第一层级特质中，不抽烟、不嗑药可以得到91分。在第二层级特质中，身高介于178厘米和188厘米之间可以得到50分。她不会再在总分低于700分的人身上浪费时间。问题看似解决了，然而并没有。她或许破解了找到一位"犹太白马王子"的密码，但这位"犹太白马王子"却没有回她的消息。

韦布的计算没有考虑到她和别的女性的竞争。她的个人资料里那些穿得傻里傻气的照片和从简历上复制粘贴过来的文字对她并没有帮助。于是，她用她想嫁的男性资料创建了十个假账号，一些受欢迎的女性联系了这些假账号，接着她分析了那些女性的特点。她发现其竞争对手的个人简介很短，并没有什么太具体的内容，并且使用的都是乐观的语言。她们有好看的照片，露了点乳沟或肩膀。她将这些发现用到了她的档案上，并成为该网站最受欢迎的人。

韦布并不是唯一一个获得大众关注，还出了书的网络交友黑客。克里斯托弗·麦金利（Christopher McKinlay）在《连线》杂志刊登了他的人物介绍两年后，出版了《最优丘比特：精通"Ok丘比特"背后的逻辑》（*Optimal Cupid: Mastering the Hidden Logic of OkCupid*）。[26]"Ok丘比特"基于用户创建的问题和回答进行配对。麦金利和韦布一样创建了假账号，他利用这些假账号收集了上千名女性对一些常见问题的回答。他用这些数据识别出他觉得有吸引力的那一小撮女性，并以她们为目标，根据她们的个人特点选择与其接触的方式——但并没有刻意欺骗——好让自己对她们也同样具有吸引力。

虽然韦布和麦金利都创建了假账号——韦布是为了了解对手，麦金利则是为了了解其目标，他们采取的方法却大相径庭。麦金利并没有怎么考虑筛选的问题。他确实对潜在的约会对象进行了评级，但在找到可以开始一段关系的人之前，他进行了 88 次约会。他最后认为他的尝试获得了成功，但这听上去有点累人。

如果能有将这项任务部分委派出去的方法就好了，蒂姆·费里斯很自然而然地这么做了。别人求助于电子表格和代码，而他则诉诸外包。为了替《每周工作 4 小时》造势，他将寻找约会对象、安排约会的任务外包给了来自世界各地的团队，这些团队来自印度、牙买加、加拿大和菲律宾。他发给每个团队一页表格，上面列有目标、准则和他觉得有吸引力的女性的账号链接。他的团队在 3 天内安排了 20 场咖啡馆约会，约会地点都在距离他家 800 米的范围内。"效果好极了。有大约 70% 的命中率。"这大大超出了他在酒吧和派对上寻寻觅觅的成果。[27] 而且他只花了 350 美元，包括付给为他安排了最多优质约会的团队的 150 美元奖金在内。

即便是不具备黑客精神的人也会经历生活的系统化，网络交友便是一例。得益于数字技术和其创造者，我们获得了超大量的选择。通过左右滑动和点赞，我们为匹配算法提供了一连串的数据。鉴于是黑客们创建了这些网络交友的系统，黑客们对这些系统善加利用也就显得顺理成章。

利用同样会带来危害，尤其是在麦金利和费里斯这样频繁约会的情况下。一位本该与费里斯约会的女性意外地遭到了他的冷遇，因为他的一位外包员工忘了把这个约会放到他的日历上，这让他有点内疚："我正在笔记本上写东西，而她径直向我走来，开始像老朋友一样跟我聊天。我完全不知道是怎么回事。"[28] 可以想象她感觉和我一样，只不过要更糟。另一名黑客塞巴斯蒂安·斯塔迪尔（Sebastian Stadil）在 4 个月内进行了 150 次约会——甚至超过了麦金利。这造成了一些愚蠢的错误。有一次，"一个女孩子在第一次约会的时候告诉我她是孤儿，她一整个约会都在讲这个非常悲伤的故事。我们第二次约会的时候，我问她她父母最近好不好。那一刻尴尬极了。如果你读到了这篇文章，我向你道歉"。[29]

但即便如此，几乎所有黑客都断定其方法取得了很好的效果。费里斯、韦布和麦金利全都这么认为——只不过他们同时也在卖书。斯塔迪尔（Stadil）则是个例外。他写道："我仍然相信技术可以攻克爱情，不过这样想可能很荒唐。"为什么？他坦诚"获得更多成功配对增加了我找到某个有趣的人的概率，但这也让人上瘾。与这么多人见面的可能性让我想要和她们每一个见面，以确保我没有错过那一个"。[30]斯塔迪尔的觉悟正反映了数字时代中有关选择的悖论：坐拥许多选择的时候，就很容易望着远方的地平线，想象更葱翠的田野。

黑客的思维方式，尤其是优化型的黑客思维方式，特别容易受到这一数字时代的病症的影响。效率黑客们痴迷地"打磨"手头的工具，却迟迟不开始其任务。与此相似，稍微一个不小心，约会黑客们也可能永远无法进展到建立关系这一真正的任务上。

"优妥竞价"*和婚姻

生活黑客首先是寻求自助的理性的个体，即便在两性关系这

---

* "优妥"（yootle）是丹尼·里夫斯在雅虎工作期间雅虎推出的虚拟货币，用于预测市场或在网络上从别人那里"购买"帮助。

件事上也是如此。我们已经看到了针对这方面的批评，以及针对百万富翁级极简主义者和哲人单身汉的批评。然而，并不是所有生活黑客都是百万富翁或单身汉。我们也看到了海迪·沃特豪斯的"我们其他人的生活黑客技巧"，包括适用于为人父母者的技巧。戴夫·布鲁诺在其"百物挑战"中区分了家庭物品和个人物品。类似的，2012 年，尼克·温特受到泰南的启示，决定只拥有99 样东西，但他后来有了妻子和两个孩子，他没把他们的东西算进他的年度清单。当我问温特他的新家庭对他的极简主义产生了什么样的影响，他回答说他只是想控制他个人的欲望，孩子们的东西并不是问题："如果我开始囤积婴儿玩具，那我就得要修改一下规则了。"他承认一个小时内就能搬家、一下子背包旅行好几个月或者住在小房子里的好处是不再有了，但他还是很注重只拥有几件高品质的东西。[31]

当我们远离了物质，又迈向了婚姻、孩子和家务的时候，会发生什么呢？温特在攻克效率系统的时候使用了名为"蜜蜂护卫"的应用。为了保持生活和工作的平衡，他也为自己设置了浪漫约会、和友人外出等社交目标。我们在第 3 章中提到，如果你是"蜜蜂护卫"的用户，没有达成目标时，你的保证金就会到其创建者贝萨妮·索尔和丹尼·里夫斯手里。这对夫妇一个拥有机器学习的硕士学位，另一个拥有计算机博弈论的博士学位，他们还使用金钱交换来处理婚姻中遇到的问题。

美国全国广播公司（NBC）新闻台对索尔和里夫斯不同寻常的关系处理方式进行了报道。索尔在他们自己的博客上也对这一方式的效果直言不讳。他们这套系统的核心是平等主义（每个人的幸福都同等重要）、自主权（每个人都有自己的价值观，可以做出自己的选择）和公平（为群体做出相等贡献的个人当获得相等的利益）的价值观。最后这点尤为重要，他们甚至将自己的女儿取名为费尔（Faire）*——她在 8 岁时就在"蜜蜂护卫"上追踪糖类摄取量、屏幕使用时间等，据说费尔是"蜜蜂护卫"最年幼的用户。[32] 他们的儿子坎托（Cantor）的名字则来自 19 世纪的一位数学家。

简而言之，索尔和里夫斯各自拥有独立的银行账户，他们为带孩子睡觉、扔垃圾、计划旅行之类的事情竞价。竞价的过程类似于"石头剪刀布"——索尔和里夫斯各自把手放在背后，并同时亮出他们愿意为了让对方执行任务支付的金额。他们将这一过程称为"优妥竞价"。出价高的那个人付钱给出价低的人。如果索尔比的数字是 4，而里夫斯比了一个 2，索尔就要付给里夫斯 2 美元，让他去扔垃圾。从经济学的角度来说，这是一种高效的分配方式。索尔愿意出 4 美元，所以她更不愿意去执行这项任务，而她很乐意支付这 2 美元，而且这 2 美元又能让里夫斯心甘情愿地去执行任务（他们还有另外的规则来简化记账流程，比如只随机记录 10% 的"优妥竞价"）。里夫斯将之视为对物物交换和轮流制的一种提炼，而对索尔来说："互相揣测、妥协，猜测一个人说的话是它本身的意思还是另有深意——比起寻思诸如此类的事情，

---

* 来源于 "fair" 一词，意为公平。

我们的做法要和谐得多。"[33]

即便如此，我们却不难预见有可能出现问题的地方。如果他们的孩子得知自己的父母为了谁在夜里为他们披被子竞价，他们或许会觉得受伤。不过，鉴于他们从小就被这样抚养——费尔的名字是其父母出价几千美元竞拍决定的，我倒不觉得孩子们会对此感到奇怪。另外，首先还有生孩子的问题。索尔和里夫斯在卧室内并不会"优妥竞价"，但却需要考虑其他事情，从生育的价值到在家陪孩子的价值如何，而这些并不是无关紧要的小事。

如果这听上去冰冷、斤斤计较，索尔解释说使用这个系统也可以表现得贴心和慷慨："我们经常为彼此做温馨的事情，常常用'优妥竞价'确保这么做在社交上是高效的。"例如，里夫斯并不需要陪索尔去《吸血鬼猎人巴菲》（*Buffy the Vampire Slayer*）的跟唱会，但他或许会贴心地为之"优妥竞价"："他很大度地决定把他是否跟我一起去的安排变成一个我们共同参与的决策过程，我们各自有 50% 的决定权。如果我让他来的出价高于他对他不来的出价，那我就付钱让他来。但如果情况相反，他就要付钱给我，好让自己脱身。"[34]

虽然这听起来非常极客，里夫斯和索尔却很赞赏这个方法，而且他们也不是特例。主流社会中也已经出现了类似的方法。《配偶经济学：使用经济学玩转爱情、婚姻和脏盘子》（*Spousonomics: Using Economics to Master Love, Marriage, and Dirty Dishes*）一书的作者建议使用劳动分工、供求关系等概念来尽量减少婚姻中的冲突、实现婚姻中利益的最大化。[35]"蜜蜂护卫"夫妇没有将经济学带入卧室，但《配偶经济学》的开篇案例便是一名没什么兴致的女士在考虑和她欲火中烧的丈夫上床的成本和利益。

不和谐的性欲也是费里斯思考的问题之一。他很喜欢一个关于一对夫妻处理他们不同的需求的故事。妻子会在每个季度交给丈夫一张报告卡片，卡片中涵盖了四个分类：爱人，丈夫，经济支柱，父亲。在每一类别中，她会用一个满分是 10 分的量表为丈夫打分，只要丈夫的平均分够高，在某一项得分过低就可以得到谅解。因此，如果丈夫的事业很成功，他的"经济支柱"得分就会升高，他或许在婚外和别人调情，那么他的"丈夫"得分就会降低。只要丈夫的综合得分高于妻子的最低要求，那就没什么问题。费里斯觉得这个方法"非常有意思，或许是因为我喜欢把测量当成一种校正方向、施加控制的方法"。[36]

如果好的两性关系需要清晰的期望和沟通，那么这些例子都堪称典范。不过你应该也能想到，评论家们觉得这种被量化的关系让人不安——他们在谈到性时带着一点难堪。那么问题来了，为什么会有这种不适呢？

"你们走偏了"

索尔和里夫斯基于交换的婚姻故事被公开后，招致了来自互联网各个角落的回应。《智族》（*GQ*）杂志的作者卢克·扎列斯基（Luke Zaleski）觉得"这两个笨蛋"基于博弈理论的竞价完全是误入歧途："俄勒冈那对玩付费服务的夫妇的同类们，**你们走偏了**。"[37]

　　为索尔和里夫斯说句公道话，他们承认他们的方法确实不太寻常、很极客，但在他们的软件和博客上有一小群和他们志同道合的关注者。对这样的人来说，"优妥竞价"要比揣测别人话里的深意来得更自在。或许索尔和里夫斯缺乏"寻思所有诸如此类的事情"所需要的人际交往技巧，但情况摆在这里，他们就是这样的人。他们是喜欢分享对自己有效的方法的极客，但并不是把其方法作为最佳处方开给别人的导师。而且，除了拐弯抹角地提到奉献和无私，扎列斯基也没说怎么才是"走对了"。里夫斯和索尔并没有反对上述这些美德，他们只是在努力让他们的任务分配更加公平。例如，他们明确地承认了生育和花时间与孩子相处的重要性，至少他们没有忽略这些事情。这一方法对大部分人都不适用，包括我自己在内，但我也不能说他们"走偏了"。

　　在网络的另一个角落，"天主教观点"（*Catholic Insight*）网站的一位博主萨拉·古尔德（Sarah Gould）认为"优妥竞价"听上去唯利是图。家庭中的爱和帮助难道不应该是无偿的吗？她还认为"优妥竞价"忽视了"上帝和生活的更高现实"："将公平这样抬高到上帝般的地位，会不会让人更没有能力面对生活不公的一面？"[38] 在她看来，我们应该承认生活的不公，但上帝的恩典是无偿的。

　　古尔德的批评与某一门宗教密切相关，但不是人人都信仰这一宗教。她援引了"更高的现实"，但并没有进行解释。她承认人们需要找到最适合自己的方法，而"优妥竞价"似乎对那对书呆子夫妻管用。但对她来说，将爱简化成"权重和测量"会熄灭真挚的谢意，让爱沦为闹剧，并创造出公平和金钱的假神。

　　来自世俗世界的批评也拿这套人类行为的僭越和生活的不公平做文章。保利娜·博苏克（Paulina Borsook）在生活黑客出现前几年就在 2000 年出版的《赛博自私：对高科技的极端自由主义文化的嬉笑怒骂》（*Cyberselfish: A Critical Romp through the Terribly Libertarian Culture of High-tech*）一书中对此进行过论述：

> 　　基于充分的理由，许多程序员都对他们创造的那个基于规则的、有界限的世界感到自豪。那么，如果在人类的事务中，简单的命题逻辑是唯一运转着的东西，或许的确可以通过简单的规则来修补人事。博弈论虽然强大，却无法解释所有的人类行为……此外，沉溺于基于规则的世界可能会让你对混乱、不完美的人类和人类社会感到懊恼，甚至濒临发怒的边缘。[39]

　　然而，索尔和里夫斯确实承认爱、无私和宽容的重要性。对他们来说，"优妥竞价"是清楚、幽默地表达这些东西的方式。人类行为固然复杂，但那并不意味着在我们可以解释和我们无法解释的东西的鸿沟中存在着幽灵。"优妥竞价"并不需要抹除经年累月的交换形成的深层纽带。

　　和古尔德一样，博苏克也在质问黑客要如何面对生活中的困难，像是面对那些"混乱、不完美的"人。这也是我要问的问题——下一章的主题。另外，这也让人联想到《宋飞正传》

（*Seinfeld*）的某集内容。在《协议》（*The Deal*）一集中，杰里（Jerry）和伊莱恩（Elaine）发现即便他们定下了巧妙的规则（例如不一定要留宿、第二天不打电话），他们还是没法一边偶尔上床，一边维持朋友关系。即便在完美的系统中，感情也会受伤，嫉妒还是会萌生。

虽然人类混乱又不完美，古尔德和博苏克听上去却像两个失败主义者。如果有钉子冒出了你的木地板，为什么不用锤子把它敲下去呢？你可能会漏掉一个，之后你的脚趾可能会不小心踢到它，但这并不会让你之前的努力白费。生活黑客确实要比普通人更难以接受不完美，这是他们的优点，也是弱点。他们乐观地追求改进，这既会带来创造力，也会招致轻信的情况发生。在针对两性关系的黑客行为中有值得我们吸取的教训，但仅仅指责这些行为太奇怪、不敬神还远远不够。

当量化和交易型的方法丧失了人性、开始带有剥削性质——这些方法确实具有这样的倾向，关系黑客最让人忧虑的一面才开始浮现出来。例如，外包行业中很容易出现权力的失衡。在外包行业中，选择更多地反映着需要而不是偏好，另一方被市场规则物化，欺骗和不透明性让环境和交换的后果蒙昧不清。我们在缺乏道德的PUA和大规模的约会现象中看到了这样一些迹象，但在双方均知情同意的极客中则不然。

干活的正确工具

和任何一种工具一样，某些比喻在其语境中比其他比喻要显得更加贴切。正如我在前言讨论过的，将生活黑客现象称为"邪教"太过夸张，但将职业的生活方式指导者称为"导师"则恰如其分。那么，把两性关系比作基于规则的游戏呢？有些事情比另一些事情更像游戏，有些人可能比另一些人更能享受玩游戏的过程，这一比喻是恰当的。我们可以在关系中识别出规则（有的明确，有的含蓄），其中也有运气和技巧的成分。另外，从我们设备上越来越多的评分需求和诸如闯关的操作设置可以看出，生活正在经历一场游戏化的转变。不过，这个游戏是竞争性的还是合作性的、怎么才算是赢，对于这些问题仍然存在着不同的看法。正如施特劳斯和费恩发现的，擅长引诱女性和俘获男性并不一定意味着胜利。他们关于游戏和规则的概念采用了僵化的刻板印象，也没有考虑到竞争因素。费恩和施耐德的"规则 5"是永远不要主动打电话给男人，只偶尔回他电话，让他拿不准、感到不安全。玩这个游戏的 PUA 可能也会出于同样的目的否定女人。另一种观点是将两性关系看作一项合作性的双赢事业。例如，索尔和里夫斯用交易的方式来处理他们关系中的某些方面，但其用意是尊重彼此的"实用功能"，而不是为了剥削。

马斯洛著名的锤子比喻向我们揭示了滥用工具的危险性，正如我们之前在这一章中提到的，他注意到当我们手握锤子的时候，往往会把一切都当成是钉子。比马斯洛的直觉更极端的一个版本是，我们不仅把什么都**当成**是钉子去敲一敲，而且还把什么都**看成**是钉子。那么，将两性关系看作是可以用规则集和电子表格攻克的系统，又有哪些局限呢？

我们来看一看瓦莱丽·奥萝拉（Valerie Aurora）的遭遇，她在 2015 年再度开始了令人沮丧的网络交友。这一次她打算将黑客手段用于约会，希望通过这样的方式获得不算太糟，甚至有趣的经历。受到埃米·韦布的启发，她开发了一个评价候选人的电子表格，其评价系统基于两个一级类别："出局项"和"加分项"。[40]奥萝拉还加入了 5 项人际吸引的特质：放松／亲密、有趣、安全、互相尊重和喜欢／激情。

然而，电子表格法的缺点之一是，它假设存在一个有待评价和排序的匹配对象。与此相对的另一种假设则是，人们投入关系，在关系中成长；相配的对象并不是找来的，而是相处出来的。奥萝拉最终意识到了她的电子表格和出局项的问题：

> 我制作这个工具的本意是让自己对我的"出局项"——那些让一段关系不可能发生的东西——更快地做出反应。但在制作和使用这个工具的过程中，我发现我对"出局项"的理解往往是错的。我现在有一段令人满意的关系，我们认识的时候，我的另一半身上有 6 项被我标记为"出局项"的毛病。如果他当初不愿意和我一起解决那些问题，我们现在就不会在一起了。但他愿意那么做，而且在共同的努力下，我们一起让这所有 6 项达到了让我们都满意的程度。和朋友交流之后我发现，大家差不多都是这样。[41]

过分依赖这份电子表格的出局项行事，就相当于过分依赖一件不适合该项任务的工具。

计算机程序员也可能对行为规则集有类似的过分依赖。程序员往往会依赖他们称为"模式"的成功架构和最佳实例。相应的，反模式则是需要避免的东西。问题是，在使用模式、工具、实例这些他们最熟悉、最得心应手的东西时，程序员们也有可能栽跟头。他们将之称为"黄金大锤"反模式——没错，过度使用工具就是一种反模式。

我们可以在戴维·芬奇（David Finch）的例子中观察到这一现象。戴维·芬奇曾是一名半导体工程师，他用一本记录着最佳实例的日志作为指导他处理两性关系的工具。他在"成为一名更好的丈夫的探索"中收集了一些最佳实例，后来还将这些最佳实例作为他的个人回忆录进行了出版。这些规则包括从他妻子的角度看问题、顺其自然和享受过程。他对这些最佳实例善加利用，直到有一天它们开始碍事。他在那时领悟到了"最后的最佳实例：不要事事都弄成最佳实例"[42]。即便是最钟爱的工具有时候也要撂到一边。

把一件工具束之高阁可以有很多理由。或许是因为任务已经完成，就像芬奇的最佳实例的例子。或许是因为工具不适用或者过分危险，正如施特劳斯对搭讪和有意义的关系的发现。或许是因为工具没用，正如我们能从费恩的例子中猜到的。或许是因为需要更宽松地使用这件工具，正如奥萝拉的电子表格中的出局项。牵涉到两性关系时，这个游戏真正关乎建设和维护。对此，并没有单一一项工具能够应付。

7

意义黑客

　　戴尔·戴维森（Dale Davidson）感到非常茫然。他已经大学毕业，并通过选拔训练被美国海豹突击队录取，这正是他曾经努力的目标。但几个月后，他退出了训练，理由连他自己都不甚明了。如果他心里还有别的选择，那一切似乎都说得通，但他并没有："我又被推回了'平民生活'，我感到失去了方向。"那感觉就像是他看准了一个大浪，划桨过去想要赶上，结果却没做到，让浪就这么打过去了。他漂浮着，对接下去要干什么感到无所适从。然后他读到了蒂姆·费里斯的《每周工作 4 小时》，想象着在某个有异国情调的海滩远程工作，轻松赚钱——费里斯这本书的其中一个候选标题就是《宽带和白色沙滩》。

　　我们之前已经看到马尼什·塞西和戴维森同样受到了费里斯的启发。塞西打算按照"每周工作 4 小时"的生活方式生活。他成立了一家由他人代理经营的企业（为赚取谷歌 AdSense 的收入创作内容）、环球旅行（在动物身上做俯卧撑）、让他的工作效率翻两番（通过付钱给别人扇他耳光）和发明"巴甫洛克"电击手环。但戴维森的努力却没有得到回报。他说：

我在 2010 年退出了海豹特种部队的训练。此后的几年里，我一直在试图成为一名"数字流浪者"。我搬去了埃及，在那里教英语，并在网络上经营自己的事业。虽然我很享受我的冒险，但我的生意并没有成功，总的说来，我并没有变得更开心。我想成倍地运用"生活黑客"网站以及费里斯教给我的那些诀窍，于是我试验新的创业点子、尽力让自己变得超级高效。但我觉得还是少了些什么。我好像陷入了困境，在原地转圈白费力气。[1]

2014 年，戴维森又做了别的尝试。他抛下费里斯和"生活黑客"网站，开始了一项"古老的智慧计划"。他没有弃用黑客方法，他抛弃的仅仅是他灵感的来源。戴维森专注在 8 项已经沿用了五百多年的精神传统上："老祖宗的智慧经受得住考验，生活方式设计博客相比之下却是脆弱的。"他给自己的挑战是每 30 天效法一项古老传统的做法，希望能借此培养出美德。他说道：

> 我从斯多葛哲学中学到，要保持心灵的宁静，就需要从你无法掌控的事物中一定程度地抽离出来。我从天主教信仰中学到，让生活获得意义的方法是少关注我们的需求，多关注我们的职责。伊壁鸠鲁学说教导我说，我们不懂得如何让自己快乐，避开让我们烦恼的事情，真正的喜悦主要来自于此。[2]

　　显然，生活黑客寻找的并不仅仅是系鞋带的诀窍。即便他们总是另辟蹊径，他们追求的和大部分人想得到的东西一致，那就是舒适、健康和连接。生活黑客往往会先追求极端的高效、极致的健康、有条有理的互动，你可以把它们理解为舒适、健康和连接的近敌。理性的人喜欢系统和实验，他们以其独有的方式着手行动，获得了不同程度的成功。由于他们热衷于自我测量和自我管理，他们又被称为控制狂人。不过就像戴维森的例子那样，他们当中有一些人会意识到生活并不受控制，即便他们追求的是美好生活，也仍要直面失落和那些失去的事物。费里斯在他的其中一本书中将美好生活等同于在餐馆、酒吧得到 VIP 待遇[3]，但还存在着另一种美好生活的概念，一种即便遭逢失望也不会失去其意义的生活。借用《宁静祷文》(Serenity Prayer) 中的句式，生活黑客用聪明才智黑入可以黑的事物，用"智慧 2.0"了解和接受黑不了的事物。[*]

　　谈到意义黑客，谈到理解失望和丧失的意义，生活黑客们往往会阐释源于古老传统的信念和实践。戴维森的实验兼收并蓄，但生活黑客会更普遍地从两个源泉汲取灵感——他们从斯多葛主义那里学习如何应对丧失和失控，也从佛教那里借用了禅宗的美学和正念的做法。然而，古老传统在被阐释的同时，其内涵也会发生改变。有些东西被夸大，有些则遭到了忽略。斯多葛主义被理解为一种"个人操作系统"，正念被理解为一种"改善表现的工

---

[*]《宁静祷文》的原文是："亲爱的上帝，请赐给我雅量从容地接受不可改变的事，赐给我勇气去改变应该改变的事，并赐给我智慧去分辨什么是可以改变的，什么是不可以改变的。"

具"——在这样的阐释中，有什么被丢失了呢？为了回答这个问题，我们必须对原文、其吸引力以及其阐释者的思维方式有所理解。

古代的斯多葛主义者

一些生活黑客倾向于走极端。例如，我们看到数字流浪者们辞了职、把手头东西的数量缩减到 100 件以下、每过几个月就搬去一个新的国家。对某些人来说，这种生活方式最终成了桎梏。极简主义者摆脱了"拥有太多"这个敌人，却最终沦为"拥有太少"这名"近敌"的猎物。于是，许多人抛弃了极简主义的标签，不再小心翼翼地计算他们拥有多少东西，转而信奉起了适度。

古代的斯多葛主义者也同样赞赏适度。作为一种生活哲学，斯多葛主义使用一套原则和技巧减少生活中的磨难，为其增加愉悦。享乐主义者追求感官享受，犬儒主义者追求苦行，在这两个观念相左的学派之间，古代的斯多葛主义者选择了一条中庸之道。古罗马时代的政治家及作家塞内卡（Seneca）告诫道："哲学倡导简单生活，并不倡导苦行，简单的生活也并不一定要粗糙。"[4] 在简单的生活中，你珍惜自己拥有的东西，也不为那些你没有的东西感到失望。然而，做到这般从容并不简单。

在上一章中，我们看到一对夫妇为了追求公平，在婚姻中为家务竞价，并因此招致了批评。评论者们觉得这对夫妇不切实际，因为人是不完美的，生活也并不公平。虽然失望在所难免，但如果这样的评论是要暗示我们不该为此费心，那这种立场就是不攻自破的。这样的努力当然是有价值的，即便结果可能令人郁闷。

不过，真正的挑战还是投入生活。有些人企图从超自然信仰——或者信仰保健品、低温技术和有"知觉"的机器的力量——中寻求帮助，而斯多葛主义者通过两种练习追求从容。他们一方面为在所难免的失去做好了准备，珍惜此刻拥有的东西；另一方面也承认自己无法控制外部的世界，于是转向内心去形塑自己的态度。

古代的斯多葛主义者并不害怕面对不安和丧失。塞内卡在《一位斯多葛主义者的来信》（*Letters from a Stoic*）中提醒道："冬天带来寒冷，我们会禁不住哆嗦。夏天带回了炎热，我们又难免热得发昏……这些是我们无法改变的生存状态。"但即便如此，我们还是可以拿苦难做实验，看看苦难是不是真的像我们害怕的那样糟糕。塞内卡还建议留出几天时间，"在这几天里你将满足于弊衣箪食，同时对自己说：'这就是我曾经害怕的状况吗？'"[5]换句话说就是，"就是这样而已吗？也没有那么糟"。斯多葛主义者还会在脑中进行被称为"思危冥想"（*premeditatio malorum*）的消极的想象实验。自问"这样的灾难是否会发生在我身上"的斯多葛主义者永远不会哭嚎"这怎么会发生在我身上"。重点不在于不断地表达忧虑，而在于偶尔的沉思。这让斯多葛主义者为所有可能发生的情况做好了准备、减少了苦恼。更重要的是，这还让他们能够为自己所拥有的东西心存感激。反复地思考已经过去的过去，或者渴盼永远不会到来的未来——这样并没有意义。通过对不安的实验，斯多葛主义者得以更坚强地面对不幸，并用更感激的眼光看待现在。

除了过分夸大对丧失的恐惧，我们也想象自己对生活有着足够的掌控力，但其实不然。当我们最热忱的希望落空、最周全的计划失败，我们会大失所望。斯多葛主义者试图关注可以控制的事物，关注理性和态度。爱比克泰德（Epictetus）大半生都在古罗马为奴，他写道："我无法掌控外部的事物，我可以掌控的是我的选择。到哪里去追寻善与恶？在我自身，善恶都在我自身。"⁶ 罗马皇帝马可·奥勒留（Marcus Aurelius）经常提醒自己不要被别人激怒："难闻的腋窝和口气会让你生气吗？为这些生气对你有什么好处呢？鉴于那个人的嘴和腋窝的状况，势必就会产生这样的气味。"⁷ 或许你可以对那个人进行劝说、给予他个人卫生的忠告，但除此之外，这不是你能改变的事情，就算你是皇帝也无能为力，所以为什么要徒生烦恼呢？另一方面，小加图（Cato the Younger）觉得担心别人怎么看待他的外表很愚蠢，所以他故意不修边幅，把自己的选择置于别人的专断之上。

鉴于斯多葛主义钟爱实验、依赖理性，生活黑客对斯多葛主义的青睐也就不怎么让人奇怪了。

斯多葛主义的阐释者

斯多葛主义最近正在经历某种复兴。除了出现在"生活黑客""波音波音"和"黑客研究"（Study Hacks）这些博客网站上，对斯多葛主义的讨论也可以见于《纽约客》《大西洋》《纽约时报》《华尔街日报》（The Wall Street Journal），甚至《体育画报》（Sports Illustrated）这些报章杂志中。致使这种情况出现的一部分原因是有两位理论哲学家有意回到实践哲学的领域。《美好生活指南：斯多葛式快乐的古老艺术》（*A Guide to the Good Life: The Ancient Art of Stoic Joy*）的作者威廉·欧文（William Irvine）认为，虽然学校里已经不教实践哲学了，让生活变得有意义的需要还在。[8]哲学家马西莫·皮柳奇（Massimo Pigliucci）也加入了欧文为这一需要寻找答案的行列。皮柳奇著有《如何成为斯多葛主义者：在现代生活中应用古代哲学》（*How to Be a Stoic: Using Ancient Philosophy to Live a Modern Life*）[9]，他写了许多广受重视的颂扬斯多葛主义的评论文章。

除了这两位哲学家，还有两位生活黑客导师——蒂姆·费里斯和瑞安·霍利迪（Ryan Holiday）——也为斯多葛主义的流行贡献了不少力量。《蒂姆·费里斯秀》的嘉宾访谈在临近尾声时有一个快速问答环节，费里斯会在这个环节里问一连串的问题——他出版于 2017 年的书《导师部落：来自佼佼者的简短生活建议》（*Tribe of Mentors: Short Life Advice from the Best in the World*）就是基于这些问题之上写就的。[10]例如，你送人最多的是哪本书？为什么？这是个好问题。送书是一种深层的交流：我希望这本书会对你有意义，并能让你更好地了解我。费里斯自己回答这个问题的时候，他估计自己已经送出去了一千多本塞内卡的《一位斯多葛主义者的来信》。他认为忙碌的人更喜欢有声书，于是他还在2016 年出版了有声书《塞内卡之道》（*The Tao of Seneca*），书中收录的都是费里斯在自己的播客上引用过的段落。[11]斯多葛主义对费里斯的重要性甚至还反映在了其线上内容的条款细则中，而这些线上内容的所有者正是塞内卡和马可有限公司。费里斯通过其博客、播客和有声书为斯多葛主义扩展了受众群体，尤其是在硅谷。

　　瑞安·霍利迪和费里斯一样，比起工程师的身份 *，他更是一名作秀者。他们都很擅长黑入和获取关注与取得成功有关的系统。霍利迪也和托尼·罗宾斯一样，师从一位现存的导师，以此开始了他在自助界的职业生涯。霍利迪的导师是《权力的 48 条法则》(*The 48 Laws of Power*) 的作者罗伯特·格林 (Robert Greene) [12]（罗宾斯开始为吉姆·罗恩工作时只有 17 岁，霍利迪则是在 19 岁时辍学为格林工作）。霍利迪从那里起步，用追求争议的策略为作家、品牌和音乐家做推广，包括有伤风化的 "AA" 美国服饰 (American Apparel) 广告和各种各样的媒体噱头：他代表一位客户购买了一些广告牌，暗中破坏它们，再将这种肆意破坏的行为曝光出来博人眼球。霍利迪很快就改变了其工作的方向——及其恶名，成了一名作家。他先在 2012 年出版了商业类畅销书《相信我，我在撒谎：一个媒体推手的自白》(*Trust Me, I'm Lying: Confessions of a Media Manipulator*)，紧接着又在第二年出版了《增长黑客营销》(*Growth Hacker Marketing*)。[13] "增长黑客" 指的是新创企业的自助行为，它被形容为 "急进、自动化、刻写着男性基因"，是传统营销的 "后起之秀"。[14]

　　此后不久，霍利迪在费里斯的帮助下，将其重心从增长黑客转移到了意义黑客。二人的来往始于 2007 年，正是对塞内卡共同的欣赏让他们走到了一起。2009 年，费里斯邀请霍利迪写了一篇

---

* 瑞安并没有工程师的从业经历，作者在这里可能指他是一名 "社交工程师" (social engineer)。

题为《斯多葛主义 101：创业者的实用指南》的"客座"文章。之后便有感兴趣的出版商慕名而来。5 年后，霍利迪出版了他第一本有关实践哲学的作品，采用的是英雄故事文体：讲述主角功成名就的故事，从中提炼出有关生活的教训，再加上一点启示。霍利迪把他在 2014 年和 2016 年出版的两本书——《障碍即道路》(*The Obstacle Is the Way*)和《自负即敌人》(*Ego Is the Enemy*)——的标题文在了他左右两个前臂上，以提醒自己这两句警句的重要性。霍利迪也是费里斯播客的第一批嘉宾之一，费里斯还发布了《障碍即道路》的有声书，在他的播客上播出其节选。2016 年，霍利迪将所有这些凝练成了一本语录集，一年 365 天，每天都能从这本语录集中读到一条属于这天的语录。[15]

有些人对霍利迪的职业转向感到恼怒。主流报纸这样评价霍利迪的媒体操纵术和黑客技巧：不诚实、让人不寒而栗。《纽约时报》上一篇耿直的文章指责霍利迪用这些诡计将"斯多葛主义当作生活黑客技巧"贩卖："他就像个发誓已经扔了狗皮膏药的江湖术士，但他没有扔掉的是那种行之有效的销售策略。"[16]

这两位多产的推广者就是我们这里所说的阐释者：他们改编了原始素材，并让改编后的素材可以为他们的那些野心勃勃的 A 型人格读者所用——费里斯经常这么形容自己和他的读者。你或许已经猜到这会如何影响（他）对原始素材的阐释了。

斯多葛式的生活黑客

即便没有斯多葛主义的复兴和费里斯及霍利迪的推广，也不难看到斯多葛主义和黑客精神的相似之处。前职业赌徒兼搭讪艺术家泰南在一篇有关"情感极简主义"的帖子中对此进行了阐述：

> 正如我努力达到几乎什么都不拥有的状态，我也希望我只有极少的情感需求。那会是什么样？我觉得一个简单的测试方法，是设想一下你能维持单独监禁的状态多久，并且感觉良好。我觉得我可以永远那样待下去，实际上，这个想法甚至有点吸引人……
>
> 对于这一目标，冥想是很好的训练。突然停止你最喜欢、最让你兴奋的活动，以及克服你脑子里冒出来的无论什么念头也是……
>
> 一旦你做到了某种程度的情感极简主义（心理极简主义听上去实在像是在委婉地表示愚蠢），你会从中获得一种与众不同的满足感，它不同于你在比较兴奋的时候所获得的那种满足感——出于它们对你的影响——你两者都会喜欢。对我来说，在家宅一个星期，每天吃相同的食物，喝茶，工作，就是很棒的一周。我感到精力充沛，也为我取得的进展感到满足。[17]

这样的心态对他打扑克也有帮助，因为心绪不宁会极大地妨碍需要深思熟虑的博弈类游戏。泰南在 2015 年度的世界扑克大赛（World Series of Poker）中表现良好，他讲述了自己跻身 20 强的过程。坐在他左手边的是个比他更厉害、筹码比他多 2 倍的玩家，但那个人"爆了冷门""乱打一气",把钱都挥霍光了。即便对手牌技更好,泰南认为自己能更好地"控制情绪,没有什么能影响到我"。[18] 无论如何,我们能从上文那个帖子的节选中看到他对简单的快乐的赞赏、对从容的渴望以及接受匮乏的意愿。泰南从没提起过斯多葛主义,但他正在践行着斯多葛主义。他后来告诉我,他在描写他理想中的心态时,脑子里并没有想到任何哲学。"不过我怀疑我觉得是原创的那些点子或许并不真的那么原创。"[19] 除了泰南,也不难找到其他斯多葛主义和生活黑客在理性、系统化、实验性及个人主义精神产生交集的例子。

对斯多葛主义而言,理性是人类最突出的特点,也是追求美好生活的必要工具。虽然他们也谈论神,但并不向神进行超自然的祈祷。他们没有请宙斯进行任何干预。相反,既然宙斯将人类创造为富有理性的生物,斯多葛主义者感到有义务让自己满足宙斯的期许。由于生活黑客的精神中也包括理性,斯多葛主义对理性的关注对他们来说充满了吸引力。而对有宗教信仰的人来说,斯多葛主义也不一定就和其信仰相悖。在《美好生活指南》(*A Guide to the Good Life*)中,欧文写到斯多葛主义和天主教信仰很好地形成了互补,并且和佛教也有相似之处。实际上,他对斯多葛主义的兴趣始于一个有关人类欲望的项目,而那个项目也将他引向了佛教。他曾经想过或许这一研究会让他成为一名佛教徒,但他"逐渐意识到斯多葛主义更适合他善于分析的本性"。[20]

对善于分析的头脑来说,斯多葛主义可以被看成是一个由原则和规则构成的系统。费里斯将这一哲学形容为帮助人们在高压环境下做出更明智的决定的个人操作系统。当费里斯邀请时年 21 岁、在 AA 美国服饰工作的霍利迪为创业者们撰写《斯多葛主义 101》的时候，他在为这篇文章所作的序言中提到，这门哲学是"一组简单且极其实用的规则，可以帮助你事半功倍"。[21] 早在生活黑客出现之前，法国哲学家米歇尔·福柯（Michel Foucault）就提到过斯多葛主义者热衷于构想行为规则。福柯将这些规则囊括进了他的"自我技术"（technologies of the self），这种"自我技术"能让人们"为了获得某种快乐、纯真、智慧、完美或不朽的状态"而彻底改变自己。[22] 从这个角度来说，福柯的自我技术预见了生活黑客的出现和他们对斯多葛主义的喜爱。

这些规则自然是经过了实验的验证和优化的。我们已经看到生活黑客们的各种自我挑战——疯狂工作、极简生活、做俯卧撑、与陌生人交谈。洗冷水澡是斯多葛式的挑战之一，对不少生活黑客方案也至关重要。[23] 费里斯和他的朋友们进行了一个为期数周的不抱怨实验，并不比洗冷水澡显得更"斯多葛"一些。费里斯的"不喝酒，不自慰"30 天挑战倒是有种不同寻常的开诚布公和创业潜质——有六千多人在费里斯投资的网站 coach.me 上报名参加了这项挑战。费里斯步塞内卡的后尘，也进行了一周的练习贫穷实验。他在小加图之后，也穿上了难看的"松紧裤"，留了"让人起鸡皮疙瘩的色情片演员常留的胡子"，"好让自己不去肤浅地迎合别人的想法"。[24]

最终，斯多葛主义在这个竞争激烈的个人主义数字时代——一个充斥着发财梦和速败现实的时代——是非常合适的存在。正如斯多葛主义在"受过良好教育的古希腊罗马帝国精英中的盛行"

一样，霍利迪认为斯多葛主义非常适合如今的创业者："它是为行动服务的，而不是无休无止的辩论。"[25] 费里斯提到斯多葛主义正被"硅谷的思想领袖"和美国国家橄榄球联盟（NFL）的运动员逐渐接受，"因为那些原则让他们变得更有竞争力"。[26]

令人惊讶的是，斯多葛主义的受众也和极简主义一样偏向于精英阶层。作为回应，有人搬出了爱比克泰德的奴隶身份——Epíktētos 在希腊语中意为"购得"，以证明任何人都能从斯多葛主义中受益。但即便是在爱比克泰德的故事里，斯多葛主义仍摆脱不了白手起家的发财故事。爱比克泰德在获得自由前是一名受过教育的奴隶，他在法庭工作，而他的主人是一名富有的已经重获自由的前奴隶。那么，拿一块缠腰布和一无所有的人比较是一个怎样的故事呢？欧文曾在《美好生活指南》中论述，一个只有一块缠腰布的人也可以为自己还有一条缠腰布感到快乐。即便他连缠腰布也失去了，他还是可以为自己拥有健康感到知足："一个人会以这样或者那样的方式陷入更糟的处境，这不难想象。"[27] 但这样的想象似乎只适用于那些有不止一块缠腰布可以失去的聪明人——这跟创业者保罗·格雷厄姆认为自己在一个超级富裕的社会里做一个生活在最底层的穷人还是会觉得很开心如出一辙。

极简主义和斯多葛主义可以为任何人所用，但根据经验，最受其吸引的却是那些相信奋斗和那些有很多东西可以失去的人。

正念及其阐释者

在大众的想象中，禅总是和盆栽的美、书法的优雅和饮茶的仪式感联系在一起。相似的，当程序员谈起某项优雅的技术的本质，也总是会谈到这门技术的禅学。"Python之禅"（The Zen of Python）*的著名开头便是：

> 优美胜于丑陋。
> 明确胜于隐晦。
> 简单胜于复杂。
> 复杂胜于繁复。[28]

生活黑客对这样的美学同样表示了欣赏。他们在自己的苹果笔记本电脑上阅读"禅意习惯"，践行物质（以及情感）的极简主义，对执行每天的例行程序感到乐此不疲。有些甚至直接一头扎进了亚洲文化。费里斯曾在普林斯顿主修东亚研究，会说日语和普通话。泰南在萨摩瓦尔（Samovar）遇到了他的日语老师。萨摩瓦尔是旧金山的一家茶室，你可以在那里以69美元的价格买到一套"泰南旅行茶具套装"。

大多数情况下，这种吸引力同更深层的精神信仰或实践还相距甚远。即便佛教具有与斯多葛主义相似的原则（如两者都强调以从容面对无常），对于西方的生活黑客来说，斯多葛主义显得更容易理解。佛教的教导，或者说佛经，冗长繁复、列举繁多，反映了其口头传授的起源。斯多葛主义者用拉丁语写作，更容易翻

---

* 影响 Python 编程语言设计的 19 条软件编写原则。

译成英语和其他西方语言。佛教深深地植根于神话、敬奉和唱诵十分普遍的亚洲文化中，斯多葛主义则不包含一些怪异甚至有迷信之嫌的内容。然而，除却美学，禅还具备另一项为生活黑客所喜爱的内容，那就是冥想。跟斯多葛主义一样，经过选择的内容和对这些内容的阐释方式影响着我们对这一实践的理解。

有很多佛教冥想方式供人选择。在持咒冥想中，你将一个语句作为冥想对象不断重复。在公案冥想中，你思索一个陈述，并等待启迪。在西藏施受冥想中，你在脑中想象苦难向悲悯和治愈的转化。慈爱冥想与其类似，你想象自己的健康和自在，接着再把一个被爱着的人、一个你并无特殊情感的相识、一个难相处的人以及一切众生带入你的想象（你的同理心会逐渐螺旋上升式地增加）。在正念冥想中，你关注的是此时此刻。一边坐着一边关注呼吸是普遍的做法，但你也可以在走路或者喝茶——其实无论干什么都可以——的时候运用正念。

在所有的原始素材中，技术人员和生活黑客关注最多的就是正念。其阐释者包括世俗的研究人员、工程师和应用软件设计师。

正念获得的成功很大程度上归功于乔恩·卡巴特-津恩（Jon Kabat-Zinn）的努力。20世纪70年代，青年医生卡巴特-津恩学习了佛学，他认为冥想可以帮助到更广大的人群。他在马萨诸塞大学医学院（University of Massachusetts Medical School）工作期间开发了帮助病人应对疼痛的正念减压（MBSR）项目。在之后的几十年中，卡巴特-津恩等人的研究证明了世俗冥想的治疗功效。卡巴特-津恩1991年出版的《多舛的生命：正念疗愈帮你抚平压力、疼痛和创伤》（*Full Catastrophe Living: Using the Wisdom of Your Body and Mind to Face Stress, Pain, and Illness*）将 MBSR 项目带入了主流视野。[29]

　　正念和生活黑客在加州产生了交集，这一点也不奇怪。19 世纪中叶的旧金山湾区曾是来自中国、日本和韩国的佛教徒移民的聚集地。一个世纪之后，这里的移民文化又和美国的反主流文化关联在了一起。1959 年，铃木俊隆（Shunryū Suzuki）来到了旧金山，在当地的曹洞宗*禅寺担任住持。他很快就在美国人中间获得了一批追随者，铃木俊隆的禅宗中心也为禅学在 20 世纪 60 年代的流行充当了枢纽的角色。这一地区仍然是美国许多佛教传统庆典与仪式的举办地，来自硅谷的创业者、附近大学的研究人员和谷歌的工程师们也同样汇集于此。

　　陈一鸣（Chade-Meng Tan）就是这样的一位工程师。他出生在新加坡，在加州大学圣巴巴拉分校（UC Santa Barbara）学习计算机工程学，2000 年开始在谷歌工作（员工号 107）。虽然陈一鸣专注于搜索类产品的开发，但谷歌人可以为同事开设与工作无关的课程，于是陈一鸣在 2007 年开设了"向内搜寻"（Search Inside Yourself）课程。这一受卡巴特-津恩的 MBSR 项目启发的课程在谷歌非常受欢迎，并且深具影响力。陈一鸣也因此得以专心致力于"向内搜寻"，并以谷歌"快乐的好小伙"而为人所知。2012 年，他为 SIY 项目成立了自己的非营利机构。

---

*禅宗流派之一，是日本最大的佛教宗派。

　　同年，陈一鸣出版了《向内搜寻：实现成功、快乐（和世界和平）的意外之路》[*Search Inside Yourself: The Unexpected Path to Achieving Success, Happiness (and World Peace)*]。这本书将正念介绍给了技术类人群，这本书也是有关这个主题的众多好书中的一本。陈一鸣将关于正念减压的实践作为一种开发情商（emotional intelligence）的方式，实践内容包括自我觉察、自我调节、动力、同理心和社交技巧。他认为工程师群体在这些方面的能力普遍不足，所以他为建立信任、有技巧地表扬别人、修复关系和按照自己的价值观生活这些方面提供建议。他相信让一位工程师来教这些内容有着不可思议的好处，因为他可以从质疑和科学的角度切入。另外，他还说："我的工程师头脑有助于我在教学中把灵修的传统表达方式翻译过来，让像我一样必须从事实出发看问题的人能够使用。"例如，把"对情感更深层的觉察"翻译过来，用我的话表述就是："用更高的对比度来感知情感过程。"[30] 在陈一鸣的阐释中，"更高的对比度"可以替代"更深层的觉察"。

　　陈一鸣看上去像个佛教徒，他拍照时常常盘腿坐着，身穿立领衬衫。比尔·杜安（Bill Duane）看上去则更像个哈雷摩托车手。他也是一位资深的工程师，机缘巧合下参加了一位斯坦福的神经科学家所做的"谷歌技术演讲"（Google Tech Talk）。这段经历让他大开眼界。杜安意识到，可以通过有合理科学依据的做法黑入大脑系统，让大脑受益。他在上了陈一鸣的"向内搜寻"课程后同样被其吸引。2013 年，当陈一鸣将重心转向了他的机构，杜安也摇身一变，成为了谷歌的"健康监督员"。杜安在谷歌教授"神经自我黑客"课程，想要让他的观点触达"他的同类"。杜安的目标并不是向那些穿着瑜伽裤的人兜售"嬉皮士的一派胡言"，他这样说道："我想影响的是那些坏脾气的工程师，他们可能是无神论者，也可能是唯理论者。"[31]

继陈一鸣的书出版之后，2015 年又有一本相同类型的书问世，那就是迈克尔·塔夫脱（Michael Taft）的《正念极客：世俗怀疑者的正念冥想》(*The Mindful Geek: Mindfulness Meditation for Secular Skeptics*)。塔夫脱也在谷歌教冥想，他和陈一鸣的"内向搜寻"机构以及企业健康咨询公司"智慧实验室"(Wisdom Labs)有合作。他通过引用重要的极客类话题——如《银翼杀手》(*Blade Runner*)、《沙丘》(*Dune*)、《星际迷航》(*Star Trek*)——来投其受众所好。塔夫脱将冥想介绍为一种技术，他解释说冥想符合"对知识的实际应用"的定义。[32]他甚至还画了一张冥想的算法流程图（图 7-1），不过这就难免有画蛇添足之嫌。

陈一鸣、杜安和塔夫脱是目前活跃在高科技圈子里最有名的 3 位正念导师。他们将禅宗的禅意提炼出来，又用极客能够理解的语言对其余内容进行了阐释。正如接下去我们将要看到的，他们的成果受到了他们选择阐释的东西（世俗的正念）以及他们的受众（创业者和工程师）的影响。但在那之前，我们先来思考一下正念理论得到阐释之前，那些与之相关的噱头。

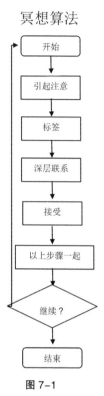

冥想算法

图 7-1

From Michael Taft, *The Mindful Geek: Mindfulness Meditation for Secular Skeptics* (Kensington, CA: Cephalopod Rex Publishing, 2015), 11.

应用、小装置和迷思

冥想导师和健康顾问在如今的技术创业圈非常普遍——普遍到 HBO 的电视剧《硅谷》（*Silicon Valley*）都对之进行了一番嘲讽。加文·贝尔森（Gavin Belson）在《硅谷》中是一家社交媒体大公司的 CEO，他有一名随时待命的南亚裔精神导师。当贝尔森受到良心的拷问时，便会将他的精神导师丹珀克（Denpok）从远方召唤回来。

> 贝尔森：丹珀克，我知道你之前在阿斯彭（Aspen），谢谢你赶回来。请坐吧。
>
> 丹珀克：这个夏天我决定不坐。
>
> 贝尔森：当然当然，这太棒了！[33]

丹珀克的实践让人想起第 5 章中主张人们为了健康整天站立的那些说法，现在它们被应用到了精神的层面。当然，不是所有人都富有到能拥有一位私人导师；"退而求其次"，个人小装置也能够给予我们指引，虽然这样的主张同样让人将信将疑。

冥想还有更大的市场，其市值据估在 10 亿美元以上，所以安卓（Android）和苹果的应用商店里才到处都是充满禅意的壁纸、冥想指导和计时器。其中一些这样的应用得到了生活黑客导师们的推广，它们那些容易引起非议的主张和我们在前几章看到过的那些大同小异。

冥想类 App 的市场由"头脑空间"（Headspace）领军，这款应用诞生于安迪·普迪科姆（Andy Puddicombe）和里奇·皮尔逊（Rich Pierson）的一次会面，前者曾经是名佛教僧人，在伦敦运营一家冥想诊所，后者是一名承受着巨大压力的广告经理。两人在 2010 年推出了这款应用，希望能让数以百万的人接触到冥想，而他们成功做到了。2017 年,《福布斯》报道说这款应用的下载量高达 1100 万次,拥有 40 多万付费用户,年营业收入在 5000 万美元左右。[34] 他们的公司承接广告活动、赞助播客(包括费里斯的),并在媒体上获得了广泛的报道。

虽然"头脑空间"获得了成功,冥想类 App 大多却只是个噱头,就跟丹珀克整个夏天不准备坐下一样。冥想本身的疗效正在受到越来越大的挑战,因为它可能并不是对所有人都有效,其效果也不是独一无二。冥想可能不是对所有人有效是因为,对一些人来说,冥想的过程可能会引起焦虑。而其正面效果也并不为冥想所独有:它只是促进放松、减少思维反刍(过度思考)的众多技巧之一。冥想或许有效,但它并不是万灵药。另外,研究人员还发现正念类应用的设计有很多不足,其对外宣称的效果很可能只是一种"数字安慰剂效应"带来的结果。[35] 面对这样的批评,"头脑空间"的皮尔逊回应说他们的公司一直在进行研究,无论如何,"我们只是在努力推出可能对人们有帮助的东西"。他补充道:"我认为西方科学并不是解释人的状况的唯一方式。"[36] 对西方科学的怨言是一种误导人的老生常谈,比如安慰剂效应就不是一种西方独有的现象。

我只找到了一个有关冥想类 App 有效性的对照研究。在"在幸福中加入'应用'"(Putting the 'App' in Happiness)的研究中,研究人员设置了 2 个组,并将被试者随机地分配到其中一个组中,两组人员都要每天使用一款应用 10 分钟。[37] 实验组被试者($N = 57$)使用的是"头脑空间",对照组被试者($N = 64$)则使用一款笔记类应用记录他们每天的活动。研究人员在实验前后分别对被试者做了调查，请他们回答了对健康状况的主观感受的相关问题。研究人员并没有在对生活的满意度、成功或负面情绪这些方面发现显著差异。他们的确在正面情绪上发现了具有统计意义的中等程度的效果，以及在减少抑郁症状方面的些微效果。然而，中等程度的效果、些微效果只在研究的语境里成立。实际上，被试者在使用"头脑空间"后报告的正面情绪平均得分提高了8%，对照组报告的平均得分则降低了5%。不过，在众多测量数据中，这8%的提高已经是最有说服力的研究发现了。不管怎么说，控制组的数据也发生了5%的变动。

这项研究仅仅是一种短期干预，研究指出"头脑空间"或许是一种有效的手段，有助于获得冥想带来的某些好处，但这些发现需要得到严格的重现。另外，尚有许多问题悬而未决：冥想类App和人为协助的冥想相比较如何？冥想类App对入门者比较有用还是对经验丰富的冥想者比较有用？App的便捷让用户更倾向于坚持练习还是放弃练习？智能手机是干扰的来源、充斥着各种推送，将智能手机作为帮助练习正念的工具会带来什么样的后果？

噱头很多，证据却很少。幸运的是，使用冥想类App的危害不过也就是浪费些时间、花点冤枉钱。但正如一位评论者说到的，长时间散步就算不会带来更多好处，起码还能带来一些变化。[38]

*

生活黑客自然是想更进一步。冥想似乎只是一种被动的行为，如果我们可以更直接地操纵大脑，会发生什么呢？这一可能性为2013年开始的"意识黑客"运动带来了灵感。

药理学方法可以改变意识，使用迷幻剂可以提高表现、应对心境障碍、加深灵性。作为保健品的拥趸，蒂姆·费里斯自然会提倡这种方法。虽然他也讨论过微小剂量地服用致幻剂——并且还促成了其在硅谷的流行，但他更推崇的其实是赛洛西宾（psilocybin）——一种提取自蘑菇的迷幻剂。他一方面为研究领域发起众筹，为约翰·霍普金斯大学（Johns Hopkins University）将赛洛西宾用于抑郁症治疗的研究募集资金；另一方面则为其播客的赞助商"四西格玛"（Four Sigmatic）公司的蘑菇咖啡做推广，这是他的努力中存有争议的一面。

意识黑客的另一种技术是经颅刺激，这种技术使用电脉冲或磁场影响大脑。大脑可以通过生物反馈的训练学会放松，但在这里，大脑得到的是直接的刺激。从研究角度来说，这一技术在重现方面存在的问题和整个心理学领域一样严重，甚至更加严重。[39] 从消费者角度来说，设备制造商使用的伎俩和他们的保健品行业同僚如出一辙。他们引用水平参差不齐的研究，声称这一方法具有改善心境、提高表现、减轻疼痛、改善睡眠的功效。对于他们的设备是否有用，则只给出了些许证据或干脆没有给出相关证据。然而倒是有推荐语对其产品快速并显著的功效交口称赞。为了不违反美国食品及药物管理局的规定，设备制造商在产品上用小字印上了对医疗用途的免责声明：他们并没有声称可以"治疗、诊断、帮助、治愈或预防任何病症"。这是"迷思"常打的一种擦边球——怀疑者们用"迷思"一词来指代伪科学主张。

意识黑客与顺势疗法、水晶疗法之类的最终区别在于，后者完全是扯淡。正如我们在谈论健康黑客时所看到的，任何主张都应当有解释某个疗法如何起作用的合理的理论支持，以及能够严格证明其确实有效的证据。顺势疗法和水晶疗法是典型的迷思——谷歌的比尔·杜安（Bill Duane）会将这些称为"嬉皮士的一派胡言"。它们没有可理解的机理能解释其如何起作用，但却存在着能证明其无效的严谨证据。到目前为止，迷幻剂和经颅刺激有可能对我们有益，也有可能对我们造成伤害——尤其是那些自己服药、自己动手刺激大脑的人。但对于解释这些方法可能起作用的方式，我们暂且只有初步的理论，能证明其确实有效的证据也相当参差不齐。

放眼自身以外

硅谷素有竞争激烈的恶名，在 HBO 的电视剧《硅谷》中，正是这样的激烈竞争造成了加文·贝尔森的良知危机。剧中就有这样一段对话：

> 丹珀克：是什么让你这么沉重，加文？
>
> 贝尔森：贾里德·邓恩（Jared Dunn）今天辞职了，他要去魔笛手（Pied Piper）了。我恨理查德·亨德里克斯（Richard Hendrix），那个魔笛手小混蛋。这样有错吗？
>
> 丹珀克：在小人那里或许是错了……但在悟道之人那里，恨意也可以是促成巨大改变的工具。
>
> 贝尔森：你又说对了！[40]

丹珀克对恨意的看法或许是对的，但丹珀克是个骗子，而且贝尔森并没有悟道。有的评论者批评正念的噱头化，他们既担忧正念会被用来推销骗术，也担忧正念会造成过分自私的行为。

当蒂姆·费里斯谈到冥想的时候，他将冥想说成是一种获得成功的工具——冥想"帮助（他）提高了效能，而不仅仅是提高了效率"。[41]冥想让他得以集中精神、先做重要的事情。尽管如此，他也担心冥想会让他失去锋芒。在和佛教徒心理学家兼冥想老师塔拉·布拉奇（Tara Brach）的一次对谈中，费里斯问道："如果怒气、敌意这样的能量能够很好地满足我的需要，我该怎么处理它们呢？"费里斯好胜又有抱负，"第二名是第一名的手下败将"这样的句子他可以张嘴就来。他也毫不费力地援引了一名富有的技术创业者输棋后把棋子扫下棋盘的故事："再好的失败者也是他妈的失败者。"他承认这让他不太好过，但这不正是让硅谷走向成功的动力吗？布拉奇技巧娴熟地开导费里斯，问他到他生命结束的时候，他会希望自己是以什么闻名。费里斯回答道："创造出比我更优秀的学习者。如果我能做到这个，我就能创造出一支或许上万名，或许几十万名，或许上百万名一流教师组成的慈善部队，这样的部队可以不断自我扩充。"费里斯仍然是在谈比较和控制（一支由更好的人组成的部队），但布拉奇表示他的目标是合作性而不是竞争性的事业。[42]

费里斯对他的挣扎如此坦诚，这点值得赞叹。这暴露出了他的强项（抱负心）也可能带来折磨（怒气）。他和所有其他人一样，也是在寻找着一条通往他所理解的美好生活的道路。他对个人成功的关注最终甚至可能会发展成一种更大的悲悯。[43]然而，作为一名导师，他树立的榜样、他提倡的道路、他对美好生活的愿景都应当受到仔细的审视，尤其是当正念被阐释成为个人效能和企业健康服务的工具时。

费里斯将冥想作为工具使用的做法无独有偶。"头脑空间"一个高调的广告系列很好地展示了冥想对普通人的吸引力。这个广告系列的主角均为普通运动员，画面上的运动员身边是一行简明扼要的推荐语。在其中一则广告中，一位女运动员举起一只哑铃："我冥想，为了举起更大的重量。"其他人冥想则是为了"活在当下""不退缩""（在篮球场上）疯狂得分""展露锋芒"以及"不与自己为敌"。这些都相当具有竞争性，甚至包括最后一个例子，因为和自己为敌会妨碍你与他人为敌。另外还有可以吸引企业的卖点。在一篇有关正念如何让硅谷感到愤怒的《连线》杂志的文章中，"向内搜寻"的创始人陈一鸣谈到了高情商的好处："所有人都知道高情商对自己的事业发展有利……所有的公司也都知道，如果他们的员工拥有高情商，他们可就要赚钱赚翻了。"[44]陈一鸣的本意并不只是"赚钱赚翻"，但那些技术出身的硅谷听众歪曲了他对佛教源素材的阐释。

在佛教中，对自己的悲悯和对别人的悲悯密不可分。以转化苦难为目的的施受冥想和慈爱冥想实现了相互依存和无我的道德准则。我试图在"头脑空间"的论坛上搜索对这类冥想的讨论，但只找到了几个零星的帖子，其中有两个是在寻求慈爱冥想的指导。在第 3 个帖子中，一名用户在询问没有这些冥想会怎样："虽然我同意将宗教和宗教概念分开考虑的观点，但我不认为爱是一种佛教或者宗教概念，我想听听别人的看法。"[45] 这些孤零零的帖子都没有得到回复。

就连典型的具有黑客型头脑的人也注意到了这一欠缺。亚历克斯·佩恩（Alex Payne）是一名软件工程师兼投资者，他断断续续地练习冥想已经有超过 10 年的时间。无论别人采取何种形式的冥想，他都不会在意，但读到企业界有关冥想的内容却让他感到些许不安。问题在于，他写道，正念被包装进了"量化自我"的概念，好让它"为一个惺惺作态的群体广泛接受"。他接着写道："正念远远不止是一种提高表现的工具……如果那是你所追求的目标，咖啡因会让你表现更好。无论如何，正念中存在着更好的数据。"不然的话，正念就该提出有关社会语境的问题：我们为什么觉得有提高效能的需要，从中受益的又是谁？[46]

关于更大的语境的问题涌现于 2014 年的"智慧 2.0 大会"。始于 2010 年的"智慧 2.0"系列会议集技术人员和顶级导师们于一堂。如果存在意义黑客大会这种东西的话，那就非"智慧 2.0"会议莫属。会议通常在旧金山召开。由于聚集了许多富裕的技术人员，旧金山的生活成本在不断攀升，这座城市一直试图解决这一问题。在 2014 年的大会上，抗议者在"三步打造谷歌式的企业正念"会议环节中跳上台、展开了一条"零驱逐的旧金山"的横幅。会议委员会由陈一鸣（"快乐的好小伙"）、比尔·杜安（"健康监督员"）和卡伦·梅（Karen May）（谷歌的"人员发展"副总裁）组成。抗议者则是 4 个经济适用房的提倡者。他们一上台就反复齐呼："智慧是停止将人们逐出家园！智慧是停止监控！旧金山拒绝出售！"[47]他们没过几分钟就被领下了台。杜安请观众"利用此刻进行练习"："跟你的身体交谈，从或许不同于我们现在的想法的角度，感同身受地来看看，围绕着冲突和人都发生了些什么。"于是委员会成员和观众就一起静默地坐着。这是一个很有技巧的反应，或许也是当时唯一能做出的理性反应。而抗议者也已经表达了其立场，他们的观点不久之后就受到了一些人的认同。

罗恩·珀泽（Ron Purser）和戴维·福布斯（David Forbes）教授的研究课题是冥想向世俗语境的迁移。他们甚至在"智慧2.0"大会之前就开始担心"不入流的正念"的问题，即企业所采用的"碎片化、高度私有化版本的正念"。正念对企业的吸引力在于，它是"一种缓和雇员的不安、宣扬默默接受现状的时髦方法，也是让机构的战略目标为员工所关注的有力工具"。对珀泽和福布斯来说，这和20世纪50年代、60年代的人际关系和敏感性训练极为相似。在那个时代，企业利用积极聆听等咨询技巧来安抚雇员："这些方法后来被称为'奶牛心理学'，因为满足、温顺的母牛能产更多牛奶。"[48]同样的事情正发生在正念身上。

珀泽和福布斯对大会的抗议表示了附和，他们认为正念社区受到了谷歌和"智慧2.0"那伙人的蛊惑。更和善、更温和的资本主义是个吸引人的概念，"但正念已经脱离了其道德寄托"。佛教徒们不会将错误的正念和正确的正念混为一谈，后者的特点是健康向上，包括"自己和他人的幸福"在内。[49]珀泽和福布斯认为谷歌人对抗议的回应反映了一种鸵鸟式的灵性："他们这种企业正念的形式最多只是一种私有化了的灵性，他们将灵性狭隘地理解为一种仅限于向内搜寻的实践，鼓吹某种'在精神上正确'的消极、清静无为和对社会问题的置之不理。"[50]

将旧金山生活的昂贵怪罪到委员会成员个人头上是牵强的，但对不入流的正念的广泛批评却十分中肯。运气好的话，我们或许很快就能在某集《硅谷》中看到对此事的戏谑模仿。

在阐释中迷失

阐释总是伴随着失落。如今对"犬儒主义""斯多葛主义"和"享乐主义"这些词的定义可能会让其古代的拥护者感到陌生。塞内卡和马可·奥勒留的忠实读者——包括我自己在内——都会有同一拉丁文本的不同译本，因为不同的译本会翻译出不同的意味，格律也不尽相同。佛教和斯多葛主义一样，都是意义黑客经常会译介的内容。大部分人关注的是美学和冥想方面的内容，但也有其他佛教观点和黑客精神不谋而合。一句据说是出自佛陀的流行格言这样说道："无论出自什么人之口，哪怕是出自我，如果有悖于你本人的理性和常识，那就什么都不要相信。"这一信条很适合崇尚理性和实验的自力更生的人。然而，当佛教僧人坦尼沙罗比丘（Ṭhānissaro Bhikkhu）在流行文化中看到这一观点的不同变体，他认为其真意已经"在引用中迷失了"。

比喻是翻译的方法之一。我们已经看到斯多葛主义被比作个人操作系统，正念被比作提高表现的工具。与之类似的，"根据'头脑空间'的阐释，用户把人脑当作一台计算机那样体验，而手机是用来更新和改善这台计算机的再校准工具"。一位研究这类应用的学者如是说道。[51] 我们也看到有人用流程图来描述生活的某些方面，从热量的摄入和消耗到工作、到冥想。塔夫脱的"冥想算法"图尤其没有必要，因为所有步骤都是线性的，不存在什么有分岔的决定。然而，塔夫脱认为将这些步骤称为算法、用流程图表达出来或许能让技术人员更容易理解冥想。类似的，"头脑空间"的阐释也或许能方便智能手机用户进行冥想，尽管撇开这一"小装置"可能才是明智的做法。

突出和省略也是翻译的方法之一，而这两者往往是不经意的。有关怀疑和自力更生的佛教格言来自以"自由询问的权利"（Charter of Free Inquiry）闻名的佛经*。很多人受到其吸引，因为它似乎表达了对自力更生的重视。但坦尼沙罗比丘提到，原文的教义指的是对外部权威和内部权威的怀疑态度。[52] 是的，你不应该仅仅依赖外部的谣言、传闻、传统、经典或社会地位。你也不应该仅仅依赖你内心的推理——这一劝诫却在翻译中遗失了。虽然是理性、自力更生和实验引起了生活黑客的兴趣，佛祖的建议却是在社区和老师的支持下，将这些结合在一起。

戴尔·戴维森奉行不同传统的 30 天实验突出了某些东西，也遗失了某些东西。当实验那 8 大传统的时候，他上教堂、犹太教会堂、清真寺做礼拜，还去上了瑜伽课。对于佛教，"我所做的仅仅是每天在地板上坐 10—20 分钟，试着关注呼吸"。享乐主义、斯多葛主义和道教也是诸如此类的孤独任务。戴维森清楚地知道它们的区别以及 DIY 宗教的局限，这点令人钦佩，但尽管如此，

---

* 即《卡拉玛经》。

他奉行的却是一种认为佛教不喜社交的阐释。[53]

以个人主义和工具性的方法追求智慧的危险在于，"你很容易就会对自己的贪婪、厌恶或妄想产生认同，把你的标准定得太低"，坦尼沙罗如此告诫。为了对抗这种倾向，修行者需要找到能够挑战他们、指引他们的人。随着木匠学徒本身的进步，他也会越来越懂得欣赏师傅的技艺，对于智慧也是一样的道理。找到智慧的老师本身也是一种技艺，一项能通过练习不断精进的技艺。然而，在西方对佛教拷贝粘贴式的阐释中，这点却常常遭到遗忘："尤其是，学徒的概念——对于将践行佛法（教义）的习惯当作一门技艺来掌握非常重要——几乎完全缺失了。佛法的原则被缩略成了一些概括性的含糊话语，而检验这些原则的技巧则被简化到了最低限度，只剩下仿佛是流水线生产出来的空架子。"[54]包括斯多葛主义在内的大部分古老哲学都是基于学徒制。西方哲学中，从苏格拉底到柏拉图、再由柏拉图到亚里士多德的传承闻名遐迩。由老师向学生教授禅宗的传统则可以一直追溯到 6 世纪或许更久以前。

戴维森的例子说明了生活黑客具有许多原则和技巧，可以让他们从中创出其生活哲学。他们喜欢在生活的各个领域内各种捣鼓、进行实验，朝着有意义的生活前进。对斯多葛主义和佛教进行个人主义和工具性的阐释，将之阐释成"智慧 2.0"，这样固然有其可取之处——尤其是对于黑客类型的人来说，但正如一句禅语所言：指向月亮的手指不是月亮。如果"智慧 2.0"的用处仅限于证明黑客精神中固有的弱点是合理的，而并不施加任何挑战，那它就可能成为智慧的"近敌"。

8

狭隘的视野

在一个美好的日子，费里斯的早晨包括铺床、冥想、双脚倒挂（有益于缓解他的背痛）、饮茶和写日记。"如果我能做到其中至少 3 项，那这个早晨就没有虚度。老话说得好，'一日之计在于晨'。"[1]这是个很好的忠告。早晨的时间太容易虚度了，接着一整天就这样没了。

我在本书开头说过，生活黑客揭示了 21 世纪生活的某些方面。马克·里特曼花了 11 个小时调试自动化无线水壶，这一事实证明就连生活琐事也越来越被看作是需要黑掉的系统。我们也能从费里斯那一套晨间的例行程序中推得类似的结论。这套通过实验建立起来的晨间习惯也是一个系统，其功能是将费里斯带入高效的一天。然而，正如承诺实用的自动化水壶可能到头来令人沮丧，早晨的待完成清单也可能惹人发怒。

WeWork 为自由职业者、创业者和其他创新阶级的成员提供共享的办公空间，谢姆·马格奈兹（Shem Magnezi）是这家公司的一名软件工程师。虽然他热爱写代码，也喜欢在为初创公司服务的公司工作，但他写了一篇题为《去你妈的创业世界》的帖子。他在文章中抨击了生活黑客导师们拥护的自我提升态度。马格奈兹强烈地斥责了那些梦想成功的创业者和工作狂（"你们又不是埃隆·马斯克"）、采用极端饮食法的人（垃圾食品暴食者和喝"双豆餐"的优化者）以及装腔作势的知识分子（那些喋喋不休地谈论本周最爱书籍的人）。最重要的是，"去你妈的高效狂人"："你们让我感觉糟糕，因为我早晨 6 点'才'醒。妈的，你们 4:30 就醒了，冥想 30 分钟，再花 30 分钟回想你们的季度和年度'目标'，一边吸溜着美味的'双豆餐'奶昔，一边检查你们的每日记忆保持趋势。"[2] 马格奈兹接着又继续炮轰了其他潮流。他讽刺了装酷、灵活的办公地，无关紧要的工作面试挑战，可笑又晦涩的行话，精心策划的噱头，甚至也没有放过对《黑客军团》（*Mr. Robot*）和《硅谷》的肤浅追捧："但最最关键的，创业世界，去你妈的，因为你们把我变成了你们中的一员。"

如果创业世界将马格奈兹变成了一个优化生活的狂人，他自己也是同谋。WeWork 曾是商业世界中的独角兽——一家罕见的价值超过 10 亿美元的初创企业，并且正在向住房、健身和儿童保育等生活的其他领域强势扩张。这就是黑客和其所处的世界的互惠关系，越来越多的人进入了这个世界。即便你不赞同生活是前谷歌人保罗·布赫海特所说的"系统的系统，无穷无尽的系统"，黑客们的成功却意味着生活正日趋如此。

生活的系统化正在影响越来越多的领域，带来越来越多的压力。除此之外，对它的过度追求也到了近乎荒唐的地步。麦克斯威尼网站（McSweeney's）上的一篇讽刺文章中，霍利·泰森 – 琼斯（Holly Theisen-Jones）描写了绝对不会让一天虚度的晨间好习惯。

早晨 4:30，我喜悦地醒来，多亏了我的西藏颂钵闹钟。练习了 20 分钟鼻孔交替呼吸后，我洗了个 3 分钟的冷水澡，以此开始我的一天。接着，我写了 20 分钟意识流日记，又写了 20 分钟感恩日记。

早餐我总是喜欢喝半公升的有机防弹咖啡（我使用的是印度酥油、椰子油和牦牛酥油的混合物，没有用像中链甘油三酸酯这样通过化学方法获取的产品），这样，在我打破我的间歇性断食前，我可以继续保持生酮状态。对了，你可以试试间歇性断食，它把我的体脂率维持在 17% 以下，效果比什么都好（要获得我的完整断食计划，请参见我的电子书）。[3]

在泰森-琼斯虚构的早晨，她接着又为午餐和晚餐额外准备了稀奇古怪的混合物，点名了维他美仕（Vitamix）搅拌机、戴森（Dyson）吸尘器等昂贵的小玩意儿，接着是高效率的邮件通讯、开发语言学习应用、培养东方灵性、练习壶铃摆荡、整理、受到严格控制的社交互动和对自己的电子书及个人指导服务毫不含蓄的自我推销。这篇 1300 字的讽刺之作有一个十分恰切的标题：《正因为我的生活已优化到极致，我才有充裕的时间来优化你的生活》。文章揭示了许多将生活当作有待优化的系统对待的方式，重要的是，它也揭示了这样的自助对谁有用。

除了针对男性或女性的自助建议，这一产业很少故意将其受众局限于某个群体。自助建议的承诺是，即便你现在还负担不起维他美仕搅拌机，只要你照着建议做，很快就能买下它。然而，许多人就跟亚马逊仓库里的产品拣选员一样，只能在路过的时候瞥上一眼这种生活方式的标志。另外，他们还要对自己是系统有待优化的一部分，而不是进行优化的人感到知足。亚马逊推出的手环就是明证，这种装置会在员工取错东西时震动——直到这些员工有一天被自动化完全取代。

生活黑客是创新阶层的自助行为。那些幸运地逃脱了别人的严格管理的人必须自己管理自己，他们或许会戴上"巴甫洛克"手环，让手环在他们开小差的时候电击他们。对多少有些自主权的人，自然有很多支持黑客精神的理由可说。自力更生、理性和系统化的思维方式，自愿承担风险和实验的意愿，这些很适合一个充满了高科技干扰和机会的世界。黑客精神是乐观（optimistic）和极致（optimizing）的——这两个词有着共同的拉丁词根。生活黑客极客们欣然接受了这一精神，因为它和他们的性格、处境相契合，而且还能产出积极的成果。导师们甚至可以将黑客精神包装成通往成功的道路，闯出一番事业。

然而，即便是在创新阶层中，生活黑客也不是绝对正向的。对个人来说，乐观容易造成轻信，极致容易导致无度。一开始以美德的面目出现的其实很可能是你在之后会遇到的敌人。效率并不总是有效，极简主义可能是种渴求，健康主义则可能是种病态。对异性的征服并不等同于人与人的连接，"智慧2.0"也并不总是智慧的。

在个人的领域以外，当生活黑客们黑入的系统也牵涉到他人时，其精神则展现出了许多不同的维度。虽然生活黑客意图揭示人们普遍理解的规则和实际情况之间的差距，其愿景却往往会受到损害。我们可以在最后这位生活黑客典范身上看到，在牵涉到他人时，黑客思维所表现出来的无度，以及——更应当引起注意——短视。

"我选择我"

技术创业者兼作者詹姆斯·阿尔图切尔（James Altucher）向他的女儿保证，他们可以去看一个青少年时装秀。他的朋友答应把他们加到宾客名单里，但最后却出了岔子。阿尔图切尔没有为此苦恼，但他也没有离开："我发现当你表现出困惑的样子，但同时彬彬有礼，别人就会比较愿意帮你。我后面还有人在排队。我没有打架也没有发怒，所以别人也没有理由对我生气。他们只想让混乱快点结束。"[4] 于是接待人员悄悄地给了他们站票。

一旦入了场，阿尔图切尔就走到一名组织者跟前说："我替《华尔街日报》写文章，我还以为我们会有好座位呢。"那名组织者便跑去确认了下，但她回来告诉阿尔图切尔《华尔街日报》的人已经就座了——这不奇怪，因为阿尔图切尔是《华尔街日报》网站的博主，而不是报社记者。于是阿尔图切尔又被彬彬有礼地打发到了后排。在那儿，他和女儿和周围的人打成一片，包括引座员在内。当灯光暗下来的时候，一名引座员把他女儿带到了靠近前排的一个空位。任务完成了。

时装秀结束以后，阿尔图切尔和女儿去打乒乓球，但一家公司租了打乒乓球的场地办活动。然而，他们看到了一张空的乒乓球台，有板有球，于是他们打了 1 小时乒乓球。当球室的员工终于发现他们的时候，他们被要求离开。阿尔图切尔提出为过去的 1 小时付钱，但其实没这个必要。于是他又一次得逞了。

阿尔图切尔是个有意思的人物。他参加过一流的计算机科学项目，但只是勉强通过获得了学士学位，还被踢出过一个博士项目。他交易过对冲基金，成立过十几家公司，其中大部分都以失败告终，但也有些投资回报丰厚。他喜欢博弈类游戏，包括象棋和围棋。曾经有一段疯狂的时期，扑克占据了他所有的热情。在那段时间里，他会坐直升机去大西洋城（Atlantic City）参加不间断的周末狂欢。他是一名极简主义者，正如他在"波音波音"上的一个帖子中所说的："我有一袋衣服，一个装有电脑、iPad 和手机的背包，除此之外就一无所有了。"几个月后《纽约时报》上一篇写他的人物介绍便是以这一生活方式为论述的重点。[5] 他是一名多产的博主、作家和播客人，主要谈论投资和更宽泛的自助类话题。他将他 2013 年出版的书的书名《自己选择：做快乐的人、赚几百万、实现梦想》（*Choose Yourself: Be Happy, Make Millions, Live the Dream*）奉为自己的座右铭。例如，阿尔图切尔的主打邮件简报承诺教你如何"自己选择"。读者只需要进入邮箱，点击"我选择我"——这是订阅他的其他邮件简报的第一步，那些邮件简报的价格在几百到几千美元之间。

比特币等数字货币和脱口秀是阿尔图切尔最近的热情所在。他甚至将两者结合了起来：他在一次表演中提到，他在他婚前的单身派对上用来支付大腿舞的比特币现在价值1700万美元——这还有那么点儿滑稽。他还说他正值青春期的女儿们脑袋不太灵光，无法理解数字货币——这就似乎有点儿刻薄了。当新闻网站在2018年开始报道"泛滥在互联网上的'比特币天才'广告背后的男人"时，则轮到他自己成为笑柄。阿尔图切尔使用那些趣味低级的广告推广他的"加密货币交易商"的时事通讯，将大众的兴趣导向他参与投资的一项服务："我保证你会看到怎么做才能在接下去的12个月里把你的本金翻5番。"⁶如果你在听取他昂贵的建议后还是赔了钱，你将获得（阿尔图切尔时事通讯）1年的免费使用权。这样的数字货币广告此后在谷歌和脸书上遭禁。

阿尔图切尔甚至可能还是上一章费里斯那则故事的主人公，就是那个输不起也有好处的故事〔费里斯曾作为嘉宾、嘉宾主持和广告客户上过阿尔图切尔和斯蒂芬·达布纳（Stephen Dubner）的合作播客《今日问题》（Question of the Day）〕。阿尔图切尔曾在《做个输不起的人如何让你发财（或发疯）》以及《生活如游戏，精通游戏你可以这么干》两篇博文中写到过把棋子摔到地上的事情。他无票闯进时装秀的故事则来自帖子《如何打破所有规则，得到你想要的一切》。⁷

生活就是一场零和博弈*，为了得到你想要的，规则可以变通或者打破——这可谓是生活黑客最强势的观点。它对于黑客精神不是必不可少的，但它自然而然地成为一种快速解决问题的技

---

*一方的收益必定意味着另一方的损失。

巧，尤其是在导师们中间，因为这一观点很好推销。当然，阿尔图切尔并不是唯一这么想的人。别人怎么做，塞西便反其道而行之——比如在奇异动物身上做俯卧撑，如此来"黑掉系统"。费里斯承诺"通过变通规则让不可能变得可能"，就像他那个让人将信将疑的散打冠军称号的例子。[8] 但是，问题仍然存在：当你"打破所有规则，得到你想要的一切"的时候，别人会遭遇什么呢？

变通规则

阿尔图切尔无票大闯时装秀的故事突显了黑客精神中固有的个人主义，这种个人主义与美国自助文化和"加州意识形态"一脉相承。在斯多葛主义的语境中，个人有责任也有能力通过理性的态度和行为实现美好的生活。这一态度让自力更生的优势、对世界的参与和以改善为目标的实验得以出现。在一个到处都是系统、到处都有黑入系统的可能性的世界中，怀持这种态度是非常适切的。阿尔图切尔的聪明才智和对系统思考的兴趣让他获得了名声和财富。如今，有成千上万的读者和听众向他寻求忠告，并对其表示重视。

对个人而言，这些特点的另一面表现为过度的迷恋和很多不合时宜的举措。例如，大部分人都想睡个（名义上的）好觉，选择了都市人睡眠法的极致黑客或许能达到更高的睡眠效率，但其代价是心理上的不稳定和社交上的格格不入。类似的，阿尔图切尔也经历过损失几百万、破产、众叛亲离和消沉的阶段。他曾经有整整一年沉沦在扑克牌里。他坦白说在大女儿出生的那天，他一找到机会就从医院逃回到了牌桌上。用阿尔图切尔本人的话来说就是，他的方法可以"让你发财（或发疯）"。

牵涉到他人的时候，阿尔图切尔从他和女儿的冒险中学到的是：不要偷东西，不要杀人，也不要违反法律，"但其他规则大部分都能变通。如果你像一条河一样行动，你最终会流过沿途所有的岩石"。[9] 然而，岩石的缝隙间无疑困住了一些无法动弹的人。

是什么区分了可变通的规则和不可变通的规则？阿尔图切尔没有提到，但我能想到一种简单的原则以及一种稍微复杂一点的衡量方式。如果没有人因此受到伤害，规则就是可以变通的。例如，友好待人让他的女儿得到了时装秀上的一个座位——无害于他人。从我之前讨论过的角度来说，待人友好也是一种普适的规则。友好的人越多越好。然而，我猜那个时装秀的员工、那些排队排在他后面的人和等着打乒乓的人会觉得阿尔图切尔有点烦。如果所有人都这么干，世界可就要遭殃了。这跟残疾黑客分享存放和使用家居用品的诀窍就不一样，这些黑客技巧是有益的，而且无论有多少人使用，它们仍然是有益的。

在最坏的情况下，生活黑客导师们兜售增强表现类保健品（像费里斯所做的那样）、加密货币致富计划（像阿尔图切尔所做的那样）的做法其实是触犯法律的骗局。他们声称在传统观念和构成生物系统及经济系统基础的实际规则之间找到了漏洞。费里斯的"迅思"会加速"神经传输和信息处理"，阿尔图切尔"破解了加密代码"。[10] 但这并不意味着导师们一定是不诚恳的。费里斯对保健品的喜爱至少更像是自欺欺人，而不是有意去欺骗。他很可能真的相信他给出的建议，至少认为自己只是为别人提供了可以进行实验的选择。这也不是说导师们从来就给不出好建议。瞎猫毕竟也会碰上死耗子。而且，即便是彻头彻尾的冒牌忠告也会给人一种有希望或者受鼓舞的感觉。问题是，这样的忠告价值有多大？就没有更好的选择了吗？

在最好的情况下，生活黑客创业者们意识不到他们给出的忠告是来自于自己的经验，而并不是普适的。费里斯的晨间习惯或许会让别人恼火，因为他假设其他人和他处境类似，并且会得到类似的结果。被孩子们的叫嚷声吵醒的人或许会对这样一个不切实际的早晨翻翻白眼，照做但没有获得类似结果的人或许会感到失望，而做不到必要的自律的人可能会感到怨恨。

相似的，人们各不相同的处境意味着不是所有人都拥有同样的自由，可以变通规则又同时不受惩罚。研究显示，一个人的创业精神和早年生活中表现出来的"精明和违法"倾向相关。年轻的白人男性在这方面是有优势的，他们违反规则的行为，比如逃学、赌博之类，对他们的未来的影响是有限的，但这些行为却会在更大程度上影响某些人的未来。另外，这些违反规则的人更有可能具备经济、社会和文化资源来开展创业风险项目，在他们失败的时候，这些资源也会帮助他们重整旗鼓。[11]马克·扎克伯格（Mark Zuckerberg）从大学辍学、穿卫衣，以此来表达对传统的嘲弄，但黑人孩子做一样的事情却会得到不同的解读。所以，在某位评论者看来，阿尔图切尔的故事和为人友善、变通规则无关，他的故事反映的是生活黑客的权利和特权。她表示，阿尔图切尔的窍门只有在"你是白人男性"的前提之下才会有效。而且即便那样，"当你拿了（或者要求了）不属于你的东西，女性往往会对你侧目，同时互相交换个眼色"。[12] 阿尔图切尔违反了规则，得到了一切他想要的，但他完全没有意识到周围还有其他人的存在。

狭隘的道路

在得克萨斯州的奥斯汀（Austin, Texas），"加州意识形态"在"西南偏南"大会（South by Southwest）找到了新的家园。15 年前，得到这一标签的是湾区的黑客、作家和创业者，他们将自己的反主流文化触觉、技术决定论和自由意志个人主义融入了一种数字时代里"混杂着各种元素的正统观念"。[13] 在"西南偏南"大会上，你能找到遵循着那一传统的人群。大会上有专门讨论自我、生物、健康黑客的环节。你可能会看到蒂姆·费里斯谈论迷幻剂的未来、詹姆斯·阿尔图切尔谈论如何让思想超前于时代。费里斯其实是这一大会的常客。在 2007 年的集会上，他将他的第一本书的成功作为极致的自我提升的案例来研究。10 年后，他搬去了奥斯汀，因为觉得那里比旧金山更友好，没有那么多的初创企业疯子，也没有那么多执着于政治正确的人。

我在 2018 年的"西南偏南"大会上看到了一样东西，它恰好象征着我们时代的挑战和生活黑客对这些挑战的回应。我发现我为这本书选择的譬喻成为现实。松下（Panasonic）的展览"未来生活工厂"（Future Life Factory）展出了"穿戴空间"（WEAR SPACE）的设计理念：配备有降噪耳机的"眼罩"。我在前文提到为了避免来自侧面的视觉干扰、让马保持专注度，马会被戴上特制的眼罩。出于相同的目的，"穿戴空间"为人特别准备的"眼罩"，看上去像是一直延伸到鼻子的后戴式耳套，为头部隔离出了一个可调整的独立空间。

松下对这款小装置的描述听上去有点生硬。他们声称在开放式办公空间工作的员工和咖啡馆里的数字流浪者很容易受干扰："如今的员工需要展现出高水平的工作表现，他们本身就是有着高要求的个性化空间。""穿戴空间"不但满足了这一需求，而且能"即刻创造出视觉边界和心理边界"。此外，这一装置在"日常生活中，比如学习一门新的语言、训练专注力，或在家工作而伴侣在跟孩子们玩耍的时候"非常有用。[14] 我不认为这个小装置会成为真正的产品，虽然其设计者的良苦用心有目共睹。戴上这款新发明也不会带有讽刺意味或确认意味地提醒你周遭的人，不久前你走神了。不过，松下的这款设备确实反映出了数字时代的挑战。

我们的经济体看重的是能快速得到的可量化结果，我们的文化看重的是自力更生，我们生活的这个时代有着越来越多的测量和不确定性，我们的环境中充斥着干扰和选择。尽管有着永生的超人类主义梦想，我们仍在继续面对着不确定性和失败。

在这样的环境中，创新阶层和其他人一样在追寻着美好的生活。他们可以远程工作、外包杂务、在生活的方方面面进行追踪和实验。生活黑客并不甘于在系统中充当一颗螺丝钉，恰恰相反，他们试图黑掉系统。作为钟爱系统和实验的理性个体，他们正在用一种独特的方式实现这一目标。对他们来说幸运的是，我们的世界正越来越适合于这样的方式，甚至于呼唤它的产生。黑客们在设计数字系统的过程中取得的成功被推广至生活中更多的领域。用来测试是红色网页横幅广告还是蓝色网页横幅广告能带来更多点击量的技巧也可以被应用到工作效率、营养、健身和恋爱中——伴随着相应的限制。我们的世界充满了系统，生活黑客现象是个性，是某种精神在和这样一个世界形成的互惠关系中的集体展现。

即便你并不具备这种精神，我在本书中所提到的极客和导师们却反映出了我们所有人都面临着的挑战。通往美好生活的道路——变得"健康、富有、明智"——是一条复杂的道路。就连笔直通往地平线上的灯塔的道路也可能让你误入歧途。没错，"近敌"就在铺得最平整的道路尽头伺机而动。你想要过得满意？试着把所有的玩具都集中到一起，然后只留下 99 件，把所有其他的都扔掉。你想要过得健康？试着在咖啡里加椰子油。你想要过得明智？冥想吧。

即便那些早晨的好习惯能让你不把一天虚度，一堆又一堆的建议反而引起了你的厌恶。自助永远不知餍足，这让自助产业获利，却也是其最核心的悖论。正如批评自助产业的史蒂夫·萨莱诺（Steve Salerno）在《骗局：自助运动如何让美国变得无助》（*Sham: How the Self-Help Movement Made America Helpless*）中提到的，要预测一个人是否会购买讲述某个话题的自助类图书，最好的方法是看这个人在之前的 18 个月里是不是买过类似的书。[15]

面对铺天盖地的自助建议，我们或许能够得到"路即是道"

的启示。目的地本来就不存在，只存在你如何走过这条道路。当然，如果你在这座迷宫中奔来跑去，为你的体系谋求额外的系统和小装置——其中大部分不过是潮流和骗术，那你就把这一启示给毁了。然而，我们不应该像萨莱诺一样将所有的自助建议（和生活黑客技巧）当作骗局摒弃。存在聪明的技巧有待我们发现和分享，也存在有用的制度让生活变得更有意义。更重要的是，我们需要有人常常提醒我们。比如效率和效能之间的区别，这是几十年来高产类自助的一个重要教训。我们每过几年就需要在当下的措辞、热情和担忧中把这样的教训集中地反映出来。

生活黑客可以变得有用，间或有些有害的副作用。一个黑客技巧可能会在某一时期有用，之后它的功效可能会越来越弱，甚至产生负面效果。巧妙的窍门和生活方式设计对某些人非常有效，甚至还为那些喜欢走迷宫的人带来了乐趣，但几乎没有生活黑客会停下来，对迷宫设计中固有的不公平性发出质疑。

像限制马的视野的眼罩一样，生活黑客也是一种工具。在干扰无处不在的时代，阻挡周边的干扰自有其好处。在经济动荡的时代，把注意力放在更美好的未来自有其价值。但即便如此，"马眼罩"所造成的管状视野也让我们忽略了很多东西，尤其是那些致力于达到极致的人。作为个人的黑客可能没有意识到他们正面临着失足跌倒的危险，而他们周围的人则可能面临被撞开或者被踩在脚下的危险。甚至那些曾一度支持"穿戴空间"的人也发现，每天起来第一件事就是戴眼罩，这可够烦的。

⊙ 致谢

我们每个人身上都有着点生活黑客的影子，我自己身上就有不少。我的思维方式特别偏向理性。当我写作的时候，我会将时间分割为块状，中间用小憩隔开。为了让自己担起责任，我追踪每天写的字数和写作时间。我不喜欢乱糟糟的，也确实喜欢保持事物的整齐有序。我为健康问题和医疗保健系统挣扎过。我使用提醒停止打字、开始休息的计时器和一款特殊的键盘。当我觉得感冒要发作了，我就吃一片锌含片——虽然我怀疑这只是安慰剂。我一点都不爱交朋友，但我会在大型集会上向自己发起挑战，比如向 3 名陌生人介绍自己。我是个很焦虑的人，我用马可·奥勒留（的观念）让自己放松，从持续了十几年的正念练习中寻求平静。我还是个白人男性，拥有计算机科学与技术的学位——到目前为止可谓是非常典型的生活黑客。然而，我并不怎么追踪自己的数据，既没有兴趣也没有愿望把自己上传到计算机里。如果不得不在"双豆餐"（基于大豆）、"人类燃料"（Huel）（基于燕麦）和"餐块"（形似布朗尼）间选一样，我会选"人类燃料"，但我其实更愿意吃个花生酱和果酱夹心的三明治。

我发现生活黑客现象既引人入胜，又偶尔让人忧虑。于是，为了更好地理解它，我开始了这个项目。我的收获即是这本书关注的焦点，但我不会总结说数字时代的自助完全有益或完全有害，甚至也不会说它新奇。实际情况要复杂得多，就像那些拥有黑客型思维方式的人的故事一样。

我要向那些分享了他们作为生活黑客的动机、实践和犹疑的人表达感谢。他们当中的大部分人只把生活黑客当作是业余爱好，但这并不是说他们没有自己的疑问和考量。确实，生活黑客大体上就是一场实验。一些和我聊过的人并没有在书中出现，我为此感到抱歉，但和他们的谈话依然让我在理解和写作上受益匪浅。这些人中有乔恩·卡曾斯（Jon Cousins）、玛吉·德拉诺（Maggie Delano）、阿韦斯·侯赛因（Awais Hussain），以及另一些不想透露姓名的人士。

在为我提供了写作资料的来源和替我阅读本书草稿的人之外，还有一些人替我回答了一些事实性问题或者审校了一些章节。我通过网络或者纸质出版物了解这些人的动态，他们帮助我尽量还原了他们的故事。这些人包括丹尼·奥布赖恩、丹尼·里夫斯、贝萨妮·索尔、理查德·斯普拉格、吉娜·特拉帕尼、泰南、埃米·韦布和尼克·温特。谢谢你们。

还要尤其感谢那些在书稿上为我提供了帮助的人。

大卫·温伯格（David Weinberger）是麻省理工学院出版社"有力观点"丛书的编辑，他为本书的推进提供了无与伦比的反

得到图书

龙立恒

得到图书编辑

我是这本书的编辑
我愿意为你的阅读体验服务到底
请加我微信，备注"生活黑客"
加入书友群，一起终身学习

馈意见。我很喜欢他的书，所以，能够在本书焦点的确立和行文上得到他的帮助，我深感幸运。这么多年来，大卫对我一直非常友善，和他的合作也非常愉快——而且我们都使用轻量级的编辑器 Markdown 写作。能成为这部丛书的一部分、让这本书在创作共同许可证下付梓出版，并在网络上也得到出版，我为此十分激动。麻省理工学院出版社的编辑总监吉塔·黛维·玛纳克塔拉（Gita Devi Manaktala）耐心地回答了我许多问题。文字编辑迈克尔·哈勒普（Michael Harrup）和凯瑟琳·卡鲁索（Kathleen Caruso）工作起来非常缜密。麻省理工学院出版社的凯尔·吉普森（Kyle Gipson）、加芙列拉·布埃诺·吉布斯（Gabriela Bueno Gibbs）、朱迪·费尔德曼（Judy Feldmann）、维多利亚·欣德利（Victoria Hindley）、肖恩·赖利（Sean Reilly）和迈克尔·西姆斯（Michael Sims）也曾为我提供过帮助。我知道帮过我的人肯定远不止这些。

我还要对许多学者表达感谢。我想人们一般都不太爱读博士论文，但我全神贯注、非常入迷地阅读了马特·托马斯的杰作《生活黑客：批判史，2004-2014》（*Life Hacking: A Critical History, 2004-2014*）。托马斯的成果和乔伊·达乌德（Joey Daoud）2010 年的纪录片《2.0 版的你——一部生活黑客纪录片》（*You 2.0-A Documentary on Life Hacking*）都是对这一主题早期的重要探讨。托马斯也为我最初的工作提供了意见。娜塔莎·许尔（Natasha Schüll）阅读了整部手稿，为最后这个书名的确立提供了建议。丽贝卡·雅布隆斯基（Rebecca Jablonsky）审校了前言部分和讲述健康黑客的章节。东北大学（Northeastern University）隔壁办公室的梅里尔·阿尔珀（Meryl Alper）好心地和我分享了她在认知多样性方面的专业知识和资源。贝丝·威廉森（Bess Williamson）分享了她研究残疾人社区黑客史的重要性的工作成果。本杰明·亨尼克特（Benjamin Hunnicutt）和我通过信件交流了古代和中世纪有关拖延症的概念。我也收到了来自一些匿名的审校者的有益的反馈意见。

还要感谢为我付出了时间的朋友们。瓦莱丽·奥萝拉（Valerie Aurora）和诺姆·科恩（Noam Cohen）阅读了整部手稿，他们各自敦促我更加严谨地对待黑客精神，也另外给予了我一些其他的帮助。我以前的学生亚历克斯·琴索罗（Alex Censullo）也读完了整部稿件，并注意到了一些写得不太好、需要修改的地方。埃米·吉尔森（Amy Gilson）就关系黑客这一章给出了很好的建议。

最后，诺拉·谢德利（Nora Schaddelee）读了每一章的草稿。我仅仅希望我烤的面包多少能报答她一些。卡斯珀（Casper）提醒我离开电脑休息一下的时候，我也非常感谢——它会轻轻推一下我的小腿来对我下达指令。

⊙ 注释

引言

1. Mark Rittman, "3 Hrs Later and Still No Tea. Mandatory Recalibration Caused Wifi Base-Station Reset, Now Port-Scanning Network to Find Where Kettle Is Now," Twitter, October 11, 2016, https://twitter.com/markrittman/status/785763443185942529; Bonnie Malkin, "English Man Spends 11 Hours Trying to Make Cup of Tea with Wi-Fi Kettle," *The Guardian*, October 11, 2016, https://www.theguardian.com/technology/2016/oct/12/english-man-spends-11-hours-trying-to-make-cup-of-tea-with-wi-fi-kettle.

2. Whitson Gordon, "How to Return Nearly Anything without a Receipt," *Lifehacker*(blog), October 26, 2011, https://lifehacker.com/5853626/how-to-return-nearly-anything-without-a-receipt.

3. 我关于黑客的描述和以下这些作者的观点有差异但"兼容"。参见: Steven Levy, *Hackers: Heroes of the Computer Revolution*, 25th anniv. ed. (1984; repr., London: Penguin, 2010); Eric Steven Raymond, "How to Become a Hacker," catb, 2001, http://www.catb.org/esr/faqs/hacker-howto.html; Douglas Thomas, *Hacker Culture* (Minneapolis: University of Minnesota Press, 2002); Tad Suiter, "Why 'Hacking?,'" in *Hacking the Academy: New Approaches to Scholarship and Teaching from Digital Humanities*, ed. Daniel J. Cohen and Tom Scheinfeldt (Ann Arbor: University of Michigan Press, 2013), 6–10, https://doi.org/10.3998/dh.12172434.0001.001; Kyle Eschenroeder, "The Pitfalls of Life Hacking Culture," *The Art of Manliness* (blog), April 13, 2015, https://www.artofmanliness.com/articles/stop-hacking-your-life/; Matt Thomas, "Life Hacking: A Critical History, 2004–2014" (PhD diss., University of Iowa, 2015).

4. Robert Andrews, "GTD: A New Cult for the Info Age," *Wired*, July 12, 2005, https://www.

wired.com/culture/lifestyle/news/2005/07/68103.

5. Danny O'Brien, "Life Hacks: Tech Secrets of Overprolific Alpha Geeks," *O'Reilly Emerging Technology Conference,* February 11, 2004, http://conferences.oreillynet.com/cs/et2004/view/e_sess/4802.

6. Tim Ferriss, *The 4-Hour Workweek: Escape 9–5, Live Anywhere and Join the New Rich* (2007; repr., New York: Crown, 2009), 15.

7. 关于极简主义和搭讪艺术的共同点，参见：Thomas, "Life Hacking," chaps. 2, 4.

8. Richard Florida, *The Rise of the Creative Class*, 10th anniv. ed. (New York: Basic, 2012), 8–11.

9. Joe Berlinger, *Tony Robbins: I Am Not Your Guru* (RadicalMedia, 2016), https://www.imdb.com/title/tt5151716/.

10. 商业化可能产生的风险正是 "量化自我" 的倡导者们想要努力解决的。参见：the "quantrepreneurs" of the "tracking industrial complex" in Whitney Erin Boesel, "Return of the Quantrepreneurs," *Cyborgology* (blog), September 26, 2013, https://thesocietypages.org/cyborgology/2013/09/26/return-of-the-quantrepreneurs/; see also "soft resistance" in Dawn Nafus and Jamie Sherman, "This One Does Not Go Up to 11: The Quantified Self Movement as an Alternative Big Data Practice," *International Journal of Communication*, No. 8 (2014), http://ijoc.org/index.php/ijoc/article/viewFile/2170/1157.

11. Laura Vanderkam, "The Paperback Quest for Joy," *City Journal*, 2012, https://www.city-journal.org/2012/22_4_self-help-books.html.

12. Steven Starker, *Oracle at the Supermarket: The American Preoccupation with Self-Help Books* (New Brunswick, NJ: Transaction, 2002), 38.

13. Rebecca Mead, "Better, Faster, Stronger," *New Yorker*, September 5, 2011, https://www.newyorker.com/magazine/2011/09/05/better-faster-stronger.

14. William B. Irvine, *A Guide to the Good Life: The Ancient Art of Stoic Joy* (Oxford: Oxford University Press, 2009), 226.

15. Starker, *Oracle at the Supermarket*, 170, 7–8.

16. Boris Kachka, "The Power of Positive Publishing: How Self-Help Publishing Ate America," *New York*, January 6, 2013, http://nymag.com/health/self-help/2013/self-help-book-publishing/.

17. Dave Bruno, *The 100 Thing Challenge: How I Got Rid of Almost Everything, Remade My Life, and Regained My Soul* (New York: Harper, 2010); Joshua Fields Millburn and Ryan

Nicodemus, *Everything That Remains: A Memoir by the Minimalists* (Missoula, MT: Asymmetrical, 2014).

18. Steve Salerno, *Sham: How the Self-Help Movement Made America Helpless* (New York: Crown, 2005).

19. Paul Buchheit, "Applied Philosophy, a.k.a. 'Hacking,'" October 13, 2009, http://paulbuchheit.blogspot.com/2009/10/applied-philosophy-aka-hacking.html; on Buchheit and life hacking, see Thomas, "Life Hacking," 44.

20. Starker, *Oracle at the Supermarket*, 2.

21. Buchheit, "Applied Philosophy".

22. Whitson Gordon, "Welcome to Lifehacker's Sixth Annual Evil Week," *Lifehacker* (blog), October 26, 2015, https://lifehacker.com/welcome-to-lifehackers-sixth-annual-evil-week-1738276927.

23. Ramy Inocencio, "U.S. Programmer Outsources Own Job to China, Surfs Cat Videos," CNN.com, January 17, 2013, https://edition.cnn.com/2013/01/17/business/us-outsource-job-china.

24. Margaret Olivia Little, "Cosmetic Surgery, Suspect Norms, and the Ethics of Complicity," in *Enhancing Human Traits: Ethical and Social Implications*, ed. Erik Parens (Washington, DC: Georgetown University Press, 1998), 162–176; Carl Elliott, *Better Than Well:American Medicine Meets the American Dream* (New York: Norton, 2003), 190–196.

25. Sara M. Watson, "Toward a Constructive Technology Criticism," *Columbia Journalism Review*, October 4, 2016, 3, 69, https://www.cjr.org/tow_center_reports/constructive_technology_criticism.php.

26. Elliott, Better Than Well, 190–196; Gina Neff and Dawn Nafus, *Self-Tracking* (Cambridge, MA: MIT Press, 2016), 39.

27. John Walker, "Introduction," in *The Hacker's Diet*, 2005, http://www.fourmilab.ch/hackdiet/e4/introduction.html.

生活黑客

1. Boris Kachka, "The Power of Positive Publishing: How Self-Help Publishing Ate America," *New York*, January 6, 2013, http://nymag.com/health/self-help/2013/self-help-book-publishing/.

2. Matt Thomas, "Life Hacking: A Critical History, 2004–2014" (PhD diss., University of Iowa, 2015), 81.

3. Danny O'Brien, "Life Hacks: Tech Secrets of Overprolific Alpha Geeks," *O'Reilly Emerging Technology Conference 2004*, February 11, 2004, http://conferences.oreillynet.com/cs/et2004/view/e_sess/4802.

4. Gina Trapani and Danny O'Brien, "Interview: Father of 'Life Hacks' Danny O'Brien," *Lifehacker* (blog), March 17, 2005, https://lifehacker.com/036370/interview-father-of-life-hacks-danny-obrien.

5. Steven Levy, *Hackers: Heroes of the Computer Revolution*, 25th anniv. ed. (1984; repr., London: Penguin, 2010), 8.

6. Peter R. Samson, "This Is the First TMRC Dictionary, Which I Wrote in June, 1959," gricer.com, June 26, 1959, http://www.gricer.com/tmrc/dictionary1959.html.

7. "Authorpreneurship," *Economist*, February 14, 2015, https://www.economist.com/news /business /21643124 -succeed -these -days -authors -must -be -more -businesslike-ever-authorpreneurship; the characterization of digital minimalists as authorpreneurs was first made by Thomas, "Life Hacking," 94.

8. Cory Doctorow, "Download Makers for Free," *Craphound* (blog), October 1, 2009, https://craphound.com/makers/download/; Cory Doctorow, *Down and Out in the Magic Kingdom* (New York: Tor, 2003), https://craphound.com/down/Cory_Doctorow__Down_and_Out_in_the_Magic_Kingdom.pdf.

9. Merlin Mann, "Independent Writer, Speaker, and Broadcaster," March 8, 2016, http://www.merlinmann.com/; Merlin Mann, "Merlin's Bio," 2015, https://web.archive.org/web/20170316005949/www.merlinmann.com/bio/.

10. Cory Doctorow and Danny O'Brien, "Life Hacks: Tech Secrets of Overprolific Alpha Geeks," *Craphound* (blog), February 11, 2004, https://www.craphound.com/lifehacksetcon04.txt; Merlin Mann, "Getting Started with 'Getting Things Done,'" *43 Folders*(blog), September 8,2004, http://www.43folders.com/2004/09/08/getting-started-with-getting-things-done.

11. David Allen, *Getting Things Done: The Art of Stress-Free Productivity* (New York: Penguin, 2001), 85–86, 3; David Allen, quoted in Robert Andrews, "A New Cult for the Info Age," *Wired*, July 12, 2005, https://www.wired.com/culture/lifestyle/news/2005/07/68103.

12. David McCandless, "Technology: Fitter, Happier, More Productive: Thanks to David

Allen's Cult Time-Management Credo," *The Guardian*, October 20, 2005, https://www.theguardian.com/technology/2005/oct/20/guardianweeklytechnologysection; Mann, "Getting Started with 'Getting Things Done.'"

13. Merlin Mann, "Four Years," *43 Folders* (blog), September 8, 2008, http://www.43folders.com/2008/09/08/four-years.

14. Danny O'Brien and Joey Daoud, "Interview with Danny O'Brien," in *You 2.0—A Documentary on Life Hacking*, ed. Joey Daoud (Coffee and Celluloid Productions,2010), https://web.archive.org/web/20171224145027/http:/www.lifehackingmovie.com/; Danny O'Brien, "Danny O'Brien," Electronic Frontier Foundation, April 8,2014, https://www.eff.org/about/staff/danny-obrien-0.

15. Merlin Mann, "43 Folders: Time, Attention, and Creative Work," *43 Folders*(blog), September 10, 2008, http://www.43folders.com/2008/09/10/time-attention-creative-work; Merlin Mann, "Better," September 3, 2008, http://www.merlinmann.com/better/.

16. Merlin Mann and Joey Daoud, "Interview with Merlin Mann," in *You 2.0—A Documentary on Life Hacking*, ed. Joey Daoud (Coffee and Celluloid Productions, 2010), https://web.archive.org/web/20171224145027/http:/www.lifehackingmovie.com/.

17. Gina Trapani, "So Long, and Thanks for All the Fish," *Lifehacker* (blog), January 16, 2009, https://lifehacker.com/5132674/so-long-and-thanks-for-all-the-fish; Gina Trapani, email to author, November 17, 2017.

18. Gina Trapani, *Lifehacker: 88 Tech Tricks to Turbocharge Your Day* (Chichester, UK: Wiley, 2006); Gina Trapani, *Upgrade Your Life: The Lifehacker Guide to Working Smarter, Faster, Better* (Hoboken, NJ: Wiley Technology, 2008); Adam Pash and Gina Trapani, *Life Hacker*, 3rd ed. (Indianapolis: Wiley, 2011), xxiii.

19. Gina Trapani and Joey Daoud, "Interview with Gina Trapani," in *You 2.0—A Documentary on Life Hacking, ed. Joey Daoud* (Coffee and Celluloid Productions, 2010), https://web.archive.org/web/20171224145027/http:/www.lifehackingmovie.com/.

20. 人们有关系统型和直觉型是不是一个维度中的两极，以及人类是不是可以兼备系统型和直觉型的思考方式的讨论尚未形成共识。Christopher Allinson and John Hayes, *The Cognitive Style Index: Technical Manual and User Guide* (London: Pearson Education, 2012), 2.

21. Lilach Sagiv et al., "Not All Great Minds Think Alike: Systematic and Intuitive Cognitive Styles," *Journal of Personality* 82, No. 5 (October 21, 2013): 414, https://doi.org/10.1111/

jopy.12071; Sarah Moore, Donncha O'Maidin, and Annette McElligott, "Cognitive Styles among Computer Systems Students: Preliminary Findings," *Journal of Computing in Higher Education* 14, No. 2 (Spring 2002): 54, https://doi.org/10.1007/BF02940938; Michael Bachmann, "The Risk Propensity and Rationality of Computer Hackers," *International Journal of Cyber Criminology* 4 (2010): 652, http://www.cybercrimejournal.com/michaelbacchmaan2010ijcc.pdf.

22. Brian Christian and Tom Griffiths, *Algorithms to Live By: The Computer Science of Human Decisions* (New York: Holt, 2016), 5.

23. Steve Silberman, "The Geek Syndrome," *Wired*, August 30, 1993, https://www.wired.com/2001/12/aspergers/; Simon Baron-Cohen, *The Essential Difference: The Truth about the Male and Female Brain* (New York: Basic, 2003); Simon Baron-Cohen, "The Hypersystemizing, Assortative Mating Theory of Autism," *Progress in Neuro-Psychopharmacology and Biological Psychiatry* 30, No. 5 (July 2006), https://doi.org/10.1016/j.pnpbp.2006.01.010; 关于巴伦－科恩的评论，参见：Cordelia Fine, *Delusions of Gender: How Our Minds, Society, and Neurosexism Create Difference* (New York: Norton, 2010).

24. Steve Silberman, *NeuroTribes: The Legacy of Autism and the Future of Neurodiversity* (New York: Avery, 2016).

25. Trapani and Daoud, "Interview with Gina Trapani."

26. Tim Ferriss, "Bio," *4-Hour Workweek* (blog), March 16, 2016, https://fourhourworkweek.com/about/.

27. Jerry Guo, "Tim Ferriss's Latest Book Wows," *Newsweek*, January 4, 2011, http://www.newsweek.com/4-hour-body-tim-ferrisss-latest-book-wows-66817.

28. Stephanie Rosenbloom, "Tim Ferriss, the 4-Hour Guru," *New York Times*, March 25, 2011, https://www.nytimes.com/2011/03/27/fashion/27Ferris.html; emphasis added.

29. Tim Ferriss, *The 4-Hour Workweek: Escape 9–5, Live Anywhere, and Join the New Rich* (2007; repr., New York: Crown, 2009), 128.

30. M. J. Kim in Rebecca Mead, "Better, Faster, Stronger," *New Yorker*, September 5, 2011, https://www.newyorker.com/magazine/2011/09/05/better-faster-stronger.

31. Tynan, "My Friends and I Bought an Island," *Tynan* (blog), September 16, 2013, http://tynan.com/island; Adrian Chen, "Tech Geeks Celebrate after Famous Pickup Artist Buys a Private Island," *Gawker* (blog), September 17, 2013, http://gawker.com/tech-geeks-celebrate-after-famous-pickup-artist-buys-a-1333855628.

32. Tynan, "7 Goals for 2006," *Tynan* (blog), January 2, 2006, http://tynan.com/goals-for-2006.

33. Neil Strauss, *The Game: Penetrating the Secret Society of Pickup Artists* (New York: ReganBooks, 2005).

34. Tynan, *The Tiniest Mansion: How to Live in Luxury on the Side of the Road* (Seattle, WA: Amazon Digital Services, 2012); Tynan, "About," *Tynan* (blog), September 8, 2013, http://tynan.com/about.

35. Tynan, *Superhuman Social Skills: A Guide to Being Likeable, Winning Friends, and Building Your Social Circle* (Seattle, WA: Amazon Digital Services, 2015), Kindle.

36. Tynan and Maneesh Sethi, "How Tynan Became a Pickup Artist, Made Earrings Out of Human Bone, and Lives in an RV," *Hack the System* (blog), April 11, 2012, 00:19:00.

37. Tynan, "If It's Too Good to Be True …," *Tynan* (blog), August 4, 2008, http://tynan.com/if-its-too-good-to-be-true.

38. Tynan, "The Benefit of Automating Everything," *Tynan* (blog), April 7, 2017, http://tynan.com/automateit.

时间黑客

1. Stephen J. Dubner and Tim Ferriss, "How to Be Tim Ferriss," *Freakonomics*, May 18, 2016, http://freakonomics.com/podcast/tim-ferriss/.

2. Tim Ferriss, quoted in Sanjiv Bhattacharya, "Timothy Ferriss: The Time Management Master," *Telegraph*, December 2, 2013, https://www.telegraph.co.uk/culture/9791532/Timothy-Ferriss-the-time-management-master.html.

3. Penelope Trunk, "5 Time Management Tricks I Learned from Years of Hating Tim Ferriss," *Penelope Trunk Careers* (blog), January 8, 2009, http://blog.penelopetrunk.com/2009/01/08/5-time-management-tricks-i-learned-from-years-of-hating-tim-ferriss/.

4. David Z. Morris, "Tim Ferriss and the Ideology of Achievement," *Minds Like Knives* (blog), January 24, 2011, http://mindslikeknives.blogspot.com/2011/01/against-greatness-tim-ferriss-and.html; 有关生活黑客对富兰克林的衷情，参见：Matt Thomas, "Life Hacking: A Critical History, 2004–2014" (PhD diss., University of Iowa, 2015), 31–32.

5. E. P. Thompson, "Time, Work-Discipline and Industrial Capitalism," libcom.org, 2008, 8, 2, https://libcom.org/library/time-work-discipline-industrial-capitalism-e-p-thompson; also see Tracey

Potts, "Life Hacking and Everyday Rhythm," in *Geographies of Rhythm: Nature, Place, Mobilities and Bodies*, ed. Tim Edensor (Burlington, VT: Agate, 2010); Judy Wajcman, *Pressed for Time: The Acceleration of Life in Digital Capitalism* (Chicago: University of Chicago Press, 2014), 40–41.

6. Frank B. Gilbreth Jr. and Ernestine Gilbreth Carey, *Cheaper by the Dozen* (New York: Perennial Classics, 2002); Frank B. Gilbreth Jr. and Ernestine Gilbreth Carey, *Belles on Their Toes* (New York: HarperCollins, 2003).

7. Nikil Saval, "The Secret History of Life-Hacking," *Pacific Standard*, April 22, 2014, https://psmag.com/business-economics/the-secret-history-of-life-hacking-self-optimization-78748.

8. Charles Duhigg, *Smarter Faster Better: The Secrets of Being Productive in Life and Business* (New York: Random House, 2016), Kindle.

9. Phoebe Moore and Andrew Robinson, "The Quantified Self: What Counts in the Neoliberal Workplace," *New Media & Society* 18, No. 11: 2774–2792, https://doi.org/10.1177/1461444815604328; Melissa Gregg, "Getting Things Done: Productivity, Self-Management, and the Order of Things," in *Networked Affect*, ed. Ken Hillis, Susanna Paasonen, and Michael Petit (Cambridge, MA: MIT Press, 2015), 187–202; Laurie Penny, "Life-Hacks of the Poor and Aimless," *The Baffler*, July 8, 2016, http://thebaffler.com/latest/laurie-penny-self-care.

10. Tim Ferriss and Kevin Rose, "Kevin Rose and Tim Ferriss Discuss Angel Investing and Naming Companies," *4-Hour Work Week* (blog), March 31, 2009, https://fourhourworkweek.com/2009/03/31/kevin-rose-and-tim-ferriss-discuss-naming-companies-angel-investing/.

11. Tim Ferriss, *The 4-Hour Workweek: Escape 9–5, Live Anywhere, and Join the New Rich* (New York: Crown, 2007), 67–68, 73.

12. Stephen Covey, *The 7 Habits of Highly Effective People: Restoring the Character Ethic* (New York: Simon & Schuster, 1989), 161.

13. Richard Koch, *The 80/20 Principle: The Secret of Achieving More with Less* (1999; repr., New York: Doubleday, 2008).

14. Alan Lakein, *How to Get Control of Your Time and Your Life* (New York: Wyden, 1973), 2.

15. Lakein, *How to Get Control of Your Time and Your Life*, 6–7.

16. Lakein, *How to Get Control of Your Time and Your Life*, chap. 21.

17. Stephen Covey, *The 7 Habits of Highly Effective People: Powerful Lessons in Personal Change* (New York: Simon & Schuster, 2013), 180.

18. David Allen, *Getting Things Done: The Art of Stress-Free Productivity* (New York:

Penguin Books, 2001), 17.

19. Roy F. Baumeister and John Tierney, *Willpower: Rediscovering the Greatest Human Strength* (New York: Penguin, 2011), 80–82.

20. Nathan Ensmenger, *Personal Kanban: Mapping Work, Navigating Life* (Seattle, WA: Modus Cooperandi, 2011), 22.

21. Alex Cavoulacos, "Why You Never Finish Your To-Do Lists at Work (and How to Change That)," *The Muse*, August 4, 2015, https://www.themuse.com/advice/why-you-never-finish-your-todo-lists-at-work-and-how-to-change-that.

22. Nancy Kress, *Beggars in Spain* (New York: HarperCollins, 2009), Kindle.

23. Tim Ferriss, *The 4-Hour Body: An Uncommon Guide to Rapid Fat-Loss, Incredible Sex, and Becoming Superhuman* (New York: Crown Archetype, 2010), chap.7.

24. Jonathan Crary, *24/7: Late Capitalism and the Ends of Sleep* (New York: Verso, 2013), 9, 17, https://twenty-four-seven.wikispaces.com/file/view/Late-Capitalism-and-the-Ends-of-Sleep-Jonathan-Crary.pdf; see also Evgeny Morozov, "Lifehacking Is Just Another Way to Make Us Work More," *Slate*, July 29, 2013, http://www.slate.com/articles /technology /future_tense/2013 /07/ lifehacking_is_just_another_way_to_make_us_work_more.html.

25. Maneesh Sethi, "Maneesh Sethi—4HWW Success as a Digital Nomad," *YouTube,* December 26, 2009, https://youtu.be/1merER1zVFg.

26. Tim Ferriss, "Cold Remedy: 18 Real-World Lifestyle Design Case Studies (Now It's Your Turn)," *4-Hour Workweek* (blog), December 31, 2009, https://fourhourworkweek.com/2009/12/31/ cold-remedy-15-real-world-lifestyle-design-case-studies-now-its-your-turn/; Maneesh Sethi, "Maneesh Does Pushups," *Tumblr,* 2009, http://maneeshdoespushups.tumblr.com/.

27. Steve Haruch, "Why Corporate Executives Talk About 'Opening Their Kimonos,'" *NPR,* November 2, 2014, https://www.npr.org/sections/codeswitch/2014/11/02/360479744/why-corporate-executives-talk-about-opening-their-kimonos.

28. Maneesh Sethi, "4HWW Submission—ManesshSethi.com," *YouTube,* May 1, 2011, https://youtu.be/8Gn9gH4T2hU; Maneesh Sethi, "The Sex Scandal Technique: How to Achieve Any Goal, Instantly (and Party with Tim Ferriss)," *Scott H. Young* (blog), February 2012, https:// www.scotthyoung.com/blog/2012/02/06/sex-scandal-technique/.

29. Ramit Sethi, *I Will Teach You to Be Rich* (New York: Workman, 2009).

30. Maneesh Sethi, "About," *Hack the System* (blog), December 13, 2012, http://

hackthesystem.com/about/.

31. Maneesh Sethi and Trevor Cates, "Break Bad Habits with Maneesh Sethi," *The Spa Dr. Secrets to Smart, Sexy, Strong* (blog), December 2, 2014, http://drtrevorcates.com/break-bad-habits-maneesh-sethi/; Maneesh Sethi, "Pavlok Breaks Bad Habits," *Indiegogo,* November 30, 2014, https://www.indiegogo.com/projects/pavlok-breaks-bad-habits#/; Maneesh Sethi, "Why Is Pavlok Better Than a Rubber Band?," *Pavlok* (blog),August 8, 2016, https://pavlok.com/blog/why-is-pavlok-better-than-a-rubber-band/.

32. Sethi, "The Sex Scandal Technique."

33. Micki McGee, *Self-Help, Inc.: Makeover Culture in American Life* (Oxford: Oxford University Press, 2005), 173; Jana Costas and Christopher Grey, "Outsourcing Your Life: Exploitation and Exploration in 'The 4-Hour Workweek,'" in *Managing "Human Resources" by Exploiting and Exploring People's Potentials*, ed. Mikael Holmqvist and André Spicer (Bingley, UK: Emerald Group), 223, https://doi.org/10.1108/s0733-558x(2013)0000037012; Melissa Gregg, *Work's Intimacy* (Malden, MA: Polity, 2011), 170.

34. Tim Ferriss, quoted in Rebecca Mead, "Better, Faster, Stronger," *New Yorker*, September 5, 2011, https://www.newyorker.com/magazine/2011/09/05/better-faster-stronger.

35. Sarah Grey, "Between a Boss and a Hard Place: Why More Women Are Freelancing," *Bitch*, August 2, 2016, https://www.bitchmedia.org/article/between-boss-and-hard-place-why-more-women-are-freelancing; Brooke Erin Duffy, "We're Not All Entrepreneurs," *Points: Data & Society* (blog), November 17, 2016, https://points.datasociety.net /were-not-all-entrepreneurs-pew-data-reveals-yawning-gaps-in-platform-economy-c53decf864b0; Siddharth Suri and Mary L. Gray, "Spike in Online Gig Work," *Points,* November 17, 2016,https://points.datasociety.net/spike-in-online-gig-work-c2e316016620.

36. Peter Thiel, "Two Years. $100,000. Some Ideas Just Can't Wait," The *Thiel Fellowship,* 2010, http://thielfellowship.org/; 有关硅谷人士的狭隘视野以及盲区，参见："Boys of Mountain View," in Nicholas Carr, *Utopia Is Creepy and Other Provocations* (New York: Norton, 2016), 279–285; 有关生活黑客忽视更大的结构性问题的观点，参见：Thomas, "Life Hacking," 94, 145; for critiques of Silicon Valley personalities, see Noam Cohen, *The Know-It-Alls: The Rise of Silicon Valley as a Political Powerhouse and Social Wrecking Ball* (New York: New Press, 2017).

37. Heidi Waterhouse, "Life-Hacking and Personal Time Management for the Rest of Us," *YouTube,* March 8, 2015, 13:13, https://youtu.be/gKAQtnbQ1-U.

38. McGee, *Self-Help, Inc.*, 17, 12, 173; Gregg, "Getting Things Done," 187–189; Moore and Robinson, "The Quantified Self," 4.

39. Alice Marwick, *Status Update: Celebrity, Publicity, and Branding in the Social Media Age* (New Haven, CT: Yale University Press, 2013), 180–183.

40. Steven Levy, *Hackers: Heroes of the Computer Revolution* (1984; repr., London: Penguin, 2001); Pekka Himanen, *The Hacker Ethic and the Spirit of the Information Age* (New York: Random House, 2001); E. Gabriella Coleman, *Coding Freedom: The Ethics and Aesthetics of Hacking* (Princeton, NJ: Princeton University Press, 2013), https://gabriellacoleman.org/Coleman-Coding-Freedom.pdf.

41. Tim Ferriss, "Mail Your Child to Sri Lanka or Hire Indian Pimps: Extreme Personal Outsourcing," *4-Hour Workweek* (blog), July 24, 2007, https://fourhourworkweek.com/2007/07/24/mail-your-child-to-sri-lanka-or-hire-indian-pimps-extreme-personal-outsourcing/.

42. Kress, *Beggars in Spain*, loc. 462 of 6855, Kindle.

43. Kress, *Beggars in Spain*, loc. 1002 of 6855, Kindle.

44. Kress, *Beggars in Spain*, loc. 3789 of 6855, Kindle; Ursula K. Le Guin, *The Dispossessed: An Ambiguous Utopia* (New York: Harper & Row, 1974).

45. Joseph Reagle, "'Free as in Sexist?': Free Culture and the Gender Gap," *First Monday* 18, No. 1 (January 2013), http://reagle.org/joseph/2012/fas/free-as-in-sexist.html.

46. Paul Graham, *Hackers & Painters: Big Ideas from the Computer Age* (Cambridge, MA: O'Reilly, 2010), 118–120; Paul Graham, "Economic Inequality," PaulGraham.com, January 6, 2016, http://www.paulgraham.com/ineq.html.

47. Shigehiro Oishi, Selin Kesebir, and Ed Diener, "Income Inequality and Happiness," *Psychological Science* 22, No. 9 (August 12, 2011): 1095–1100, http://www.factorhappiness.at/downloads/quellen/S13_Oishi.pdf.

48. Graham, *Hackers & Painters*, 50.

动机黑客

1. Nick Winter, *The Motivation Hacker* (self-published, 2013), 3–6, Kindle, http://www.nickwinter.net/the-motivation-hacker.

2. Piers Steel, *The Procrastination Equation: How to Stop Putting Things Off and Start Getting Stuff Done* (New York: Harper, 2011); lukeprog, "How to Beat Procrastination," *LessWrong*

(blog), February 5, 2011, https://lesswrong.com/lw/3w3/how_to_beat_procrastination/.

3. Nick Winter, *interview with author*, July 7, 2015.

4. Thomas C. Schelling, "Egonomics, or the Art of Self-Management," *American Economic Review* 68, No. 2 (May 1978): 290.

5. Stephen Covey, *The 7 Habits of Highly Effective People: Powerful Lessons in Personal Change* (New York: Simon & Schuster, 2013), 159.

6. Roy F. Baumeister and John Tierney, *Willpower: Rediscovering the Greatest Human Strength* (New York: Penguin, 2011), 51.

7. Charles Duhigg, *The Power of Habit: Why We Do What We Do in Life and Business* (New York: Random House, 2012), 17; Charles Duhigg, *Smarter Faster Better: The Secrets of Being Productive in Life and Business* (New York: Random House, 2016), loc. 1890, Kindle.

8. Gabriele Oettingen, *Rethinking Positive Thinking: Inside the New Science of Motivation* (New York: Penguin, 2014).

9. Angela Duckworth, *Grit: The Power of Passion and Perseverance* (New York: Scribner, 2016); Angela Duckworth, "Grit: The Power of Passion and Perseverance," *YouTube*, May 9, 2013, https://www.youtube.com/watch?v=H14bBuluwB8.

10. Nir Eyal with Ryan Hoover, *Hooked: How to Build Habit-Forming Products* (New York: Portfolio/Penguin, 2014).

11. Winter, *The Motivation Hacker*, 76.

12. Nick Winter, "The 120-Hour Workweek Epic Coding Time-Lapse," November 2013, http://blog.nickwinter.net/the-120-hour-workweek-epic-coding-time-lapse.

13. Wisdom, "Comment," November 2013, http://blog.nickwinter.net/uid/84714.

14. Melanie Pinola, "Work Smarter and More Easily by 'Sharpening Your Axe,'" *Lifehacker* (blog), June 21, 2011, https://lifehacker.com/5814019/work-smarter-and-more-easily-by-sharpening-your-axe.

15. *43 Folders* (blog), "Productivity Pr0n," *43 FoldersWiki*, March 21, 2005, http://wiki.43folders.com/?oldid=769.

16. Merlin Mann, "43 Folders: Time, Attention, and Creative Work," *43 Folders* (blog), September 10, 2008, http://www.43folders.com/2008/09/10/time-attention-creative-work; Merlin Mann, "Better," September 3, 2008, http://www.merlinmann.com/better/; Matt Thomas, "Life Hacking: A Critical History, 2004–2014" (PhDdiss., University of Iowa, 2015), 76.

17. Heidi Waterhouse, "Life-Hacking and Personal Time Management for the Rest of Us," March 8, 2015, https://youtu.be/gKAQtnbQ1-U.

18. Randall Munroe, "Is It Worth the Time?," XKCD, April 30, 2013, https://xkcd.com/1205/.

19. Mihir Patkar, "The Best Body Hacks to Boost Your Productivity at Work," *Lifehacker* (blog), September 2, 2014, https://lifehacker.com/the-best-body-hacks-to-boost-your-productivity-at-work-1629589572.

20. John Bohannon, "I Fooled Millions into Thinking Chocolate Helps Weight Loss. Here's How," *Gizmodo* (blog), May 27, 2015, https://io9.gizmodo.com/i-fooled-millions-into-thinking-chocolate-helps-weight-1707251800.

21. Open Science Collaboration, "Estimating the Reproducibility of Psychological Science," *Science* 349, No. 6251 (August 28, 2015), https://doi.org/10.1126/science.aac4716; Benedict Carey, "Many Psychology Findings Not as Strong as Claimed, Study Says," *New York Times*, August 27, 2015, https://www.nytimes.com/2015/08/28/science/many-social-science-findings-not-as-strong-as-claimed-study-says.html; Ulrich Schimmack, "Replicability Report No. 1: Is Ego-Depletion a Replicable Effect?" *Replicability-Index* (blog), April 18, 2016, https://replicationindex.wordpress.com/2016/04/18/is-replicability-report-ego-depletionreplicability-report-of-165-ego-depletion-articles/.

22. "The Downside of 'Grit' (Commentary)," *Alfie Kohn,* April 6, 2014, https://www.alfiekohn.org/article/downside-grit/; James Coyne, "Do Positive Fantasies Prevent Dieters from Losing Weight?," *PLOS Blogs: Mind the Brain* (blog), September 16, 2015, http: //blogs.plos.org/mindthebrain/2015/09/16/do-positive-fantasies-prevent-dieters-from-losing-weight/; James Coyne, "Promoting a Positive Psychology Self-Help Book with a Wikipedia Entry," *PLOS Blogs: Mind the Brain* (blog), September 23, 2015, http://blogs.plos.org/mindthebrain/2015/09/23/promoting-a-positive-psychology-self-help-book-with-a-wikipedia-entry/; Daniel Engber, "Angela Duckworth Says Grit Is the Key to Success in Work and Life: Is This a Bold New Idea or the Latest Self-Help Fad?," *Slate*, May 8, 2016, http://www.slate.com/articles/health_and_science/cover_story/2016/05/angela_duckworth_says_grit_is_the_key_to_success_in_work_and_life_is_this.html.

23. Amy Cuddy, "Your Body Language Shapes Who You Are," TED.com, June 15, 2012, https://www.ted.com/talks/amy_cuddy_your_body_language_shapes_who_you_are.

24. Dana Carney, "My Position on 'Power Poses,'" University of California at Berkeley, September 2016, http://faculty.haas.berkeley.edu/dana_carney/pdf_My%20position%20on%20

power%20poses.pdf; Amy Cuddy, "Amy Cuddy's Response to PowerPosing Critiques," *Science of Us* (blog), September 30, 2016, http://www.thecut.com/2016/09/read-amy-cuddys-response-to-power-posing-critiques.html; Susan Dominus, "When the Revolution Came for Amy Cuddy," *New York Times*, October 18, 2017, https://www.nytimes.com/2017/10/18/magazine/when-the-revolution-came-for-amy-cuddy.html.

25. Will Stephen, "How to Sound Smart in Your TEDx Talk," *TEDx*, January 15, 2015, https://youtu.be/8S0FDjFBj8o.

26. Benjamin Bratton, "We Need to Talk about TED," *Guardian*, December 30, 2013, https://www.theguardian.com/commentisfree/2013/dec/30/we-need-to-talk-about-ted; Houman Harouni, "The Sound of TED: A Case for Distaste," *American Reader*, March 2014, http://theamericanreader.com/the-sound-of-ted-a-case-for-distaste/; Chris Anderson, "TED Isn't a Recipe for 'Civilisational Disaster,'" *Guardian*, January 8, 2014, https://www.theguardian.com/commentisfree/2014/jan/08/ted-not-civilisational-disaster-but-wikipedia.

27. Rebecca Mead, "Better, Faster, Stronger," *New Yorker*, September 5, 2011, https://www.newyorker.com/magazine/2011/09/05/better-faster-stronger; Sanjiv Bhattacharya, "Timothy Ferriss: The Time Management Master," *Telegraph*, December 2, 2013, https://www.telegraph.co.uk/culture/9791532/Timothy-Ferriss-the-time-management-master.html.

28. "Meet the Beeminder Team," Beeminder, April 1, 2014, https://www.beeminder.com/aboutus.

29. A. J. Jacobs and Noah Charney, "A. J. Jacobs: How I Write," *The Daily Beast* (blog), May 29, 2013, https://www.thedailybeast.com/articles/2013/05/29/a-j-jacobs-how-i-write.html.

30. "Beeminder FAQ," Beeminder, March 15, 2015, https://www.beeminder.com/faq; Dreeves, "The Road Dial and the Akrasia Horizon," *Beeminder* (blog), August 31, 2011, https://blog.beeminder.com/dial/; Bethany Soule and Danny Reeves, email to author, November 7, 2017.

31. Sean Fellows, Interview with Author, July 13, 2015.

32. Winter, *The Motivation Hacker*, 77.

33. Winter, Interview with Author.

34. Winter, *The Motivation Hacker*, 40.

35. "Beeminder FAQ"; emphasis in original.

36. Nancy K. Innis, "Tolman and Tryon: Early Research on the Inheritance of the Ability to Learn," *American Psychologist* 47, No. 2 (1992): 190–197, http://emilkirkegaard.dk/en/wp-content/

uploads/Tolman-and-Tryon-Early-research-on-the-inheritance-of-the-ability-to-learn.pdf.

37. Robert Rosenthal and Kermit L. Fode, "The Effect of Experimenter Bias on the Performance of the Albino Rat," *Behavioral Science* 8, No. 3 (1963): 183–189, https://doi.org/10.1002/bs.3830080302.

38. Micki McGee, *Self-Help, Inc.: Makeover Culture in American Life* (Oxford: Oxford University Press, 2005), 12, 17.

39. Thomas, "Life Hacking," 46, 210.

40. Melissa Gregg, *Work's Intimacy* (Malden, MA: Polity, 2011), 2; Phoebe Moore and Andrew Robinson, "The Quantified Self: What Counts in the Neoliberal Workplace," *New Media & Society* 18, No. 11: 2775, https://doi.org/10.1177/1461444815604328.

41. Winter, Interview with Author.

42. Bethany Soule, "Bethany's Maniac Week," *Beeminder* (blog), June 6, 2014, https://blog.beeminder.com/maniac/.

物质黑客

1. Tynan, *Life Nomadic* (Seattle, WA: Amazon Digital Services, 2010), loc. 56 of 2058, Kindle.

2. Tynan, *The Tiniest Mansion: How to Live in Luxury on the Side of the Road* (Seattle, WA: Amazon Digital Services, 2012), loc. 552 of 678, Kindle.

3. Tynan, *Life Nomadic*, loc. 690 of 2058.

4. Tynan, *Life Nomadic*, loc. 700 of 2058.

5. Henry David Thoreau, *Walden, and on the Duty of Civil Disobedience* (1854; repr., Project Gutenberg, 1995), http://www.gutenberg.org/files/205/205-h/205-h.htm.

6. Fred Turner, *From Counterculture to Cyberculture: Stewart Brand, the Whole Earth Network, and the Rise of Digital Utopianism* (Chicago: University of Chicago Press, 2006).

7. Stewart Brand, "The Purpose," *Whole Earth Catalog*, 1968, http://www.wholeearth.com/issue/1010/article/196/the.purpose.of.the.whole.earth.catalog.

8. Tim Ferriss, *Tools of Titans: The Tactics, Routines, and Habits of Billionaires, Icons, and World-Class Performers* (Boston: Houghton Mifflin Harcourt, 2016), xix.

9. Stewart Brand, "Introduction to Whole Earth Software Catalog," *Whole Earth Software Catalog*, 1984, http://www.wholeearth.com/issue/1230/article/283/introduction.to.whole.earth.

software.catalog.

10. Stewart Brand, "We Owe It All to the Hippies," *Time* 145, No. 12 (Spring 1995), http://members.aye.net/~hippie/hippie/special_.htm; see also Theodore Roszak, *From Satori to Silicon Valley: San Francisco and the American Counterculture* (San Francisco: Don't Call It Frisco Press, 1986).

11. Richard Barbrook and Andy Cameron, "The Californian Ideology," *Imaginary Futures,* April 17, 2004, http://www.imaginaryfutures.net/2007/04/17/the-californian-ideology-2.

12. Kevin Kelly, "Amish Hackers," *The Technium* (blog), February 10, 2009, http://kk.org/thetechnium/amish-hackers-a/.

13. Kevin Kelly, "Cool Tools," *Cool Tools* (blog), January 30, 2013, http://kk.org/cooltools/.

14. Kevin Kelly, "Lifehacking, the Whole Earth Catalog Archive," *KK* (blog), 2015, http://kk.org/ct2/lifehacking-the-whole-earth-ca/; Kevin Kelly, "Over the Long Term, the Future Is Decided by Optimists," Twitter, April 25, 2014, https://twitter.com/kevin2kelly/status/459723553642778624.

15. Turner, *From Counterculture to Cyberculture*, 97.

16. Matt Thomas, "Life Hacking: A Critical History, 2004–2014" (PhD diss., University of Iowa, 2015), 22, 61, 93–94, 116; 可以和社交媒体上女性化劳动比较的观点，参见：Brooke Erin Duffy, *(Not) Getting Paid to Do What You Love: Gender, Social Media, and Aspirational Work* (New Haven, CT: Yale University Press, 2017).

17. Danny Heitman, "Thoreau, the First Declutterer," *New York Times*, July 4, 2015, https: //www.nytimes.com/2015/07/04/opinion/thoreau-the-first-declutterer.html; Ephrat Livni, "Henry David Thoreau Was the Original Hipster Minimalist," *Quartz,* January 13, 2017, https://qz.com/884130/henry-david-thoreau-was-the-original-hipster-minimalist/; Thomas, "Life Hacking," 124.

18. Kathryn Schulz, "Why Do We Love Henry David Thoreau?," *New Yorker*, October 19, 2015, https://www.newyorker.com/magazine/2015/10/19/pond-scum; for a critique of Thoreau's opinion of the worker's shanty, see Lisa Goff, *Shantytown*, USA (Cambridge, MA: Harvard University Press, 2016), 11.

19. Rebecca Solnit, "Mysteries of Thoreau, Unsolved: On Dirty Laundry and the Meaning of Freedom," *Orion*, May 2013, http://www.orionmagazine-digital.com/orionmagazine/may_june_2013?folio=18&pg=20#pg20.

20. Gini Laurie, "Homemaking Problems & Solutions," 1968, http://www.polioplace.org/sites/default/files/files/Toomey_j_GAZETTE_1968_OCR.pdf; Bess Williamson, "Electric Moms and Quad Drivers: People with Disabilities Buying, Making, and Using Technology in Postwar America," *American Studies* 52, No. 1 (2012): 8, https://journals.ku.edu/index.php/amerstud/article/download/3632/4142.

21. Arwa Mahdawi, "Silicon Valley Thinks It Invented Roommates. They Call It 'Co-Living,'" *Guardian*, November 16, 2017, https://www.theguardian.com/commentisfree/2017/nov/16/silicon-valley-thinks-it-invented-roommates-they-call-it-co-living.

22. Aziz, "OH: SF Tech Culture Is Focused on Solving One Problem: What Is My Mother No Longer Doing for Me?," Twitter, May 4, 2015, https://twitter.com/azizshamim/status/595285234880491521.

23. Nellie Bowles, "Food Tech Is Just Men Rebranding What Women Have Done for Decades," *Guardian*, April 1, 2016, https://www.theguardian.com/technology/2016/apr/01/food-technology-soylent-slimfast-juice-fasting.

24. Rob Rhinehart, quoted in Lee Hutchinson, "Ars Does Soylent, the Finale:Soylent Dreams for People," *Ars Technica*, September 5, 2013, https://arstechnica.com/gadgets/2013/09/ars-does-soylent-the-finale-soylent-dreams-for-people/.

25. Kevin Kelly, "What Is the Quantified Self?," *Quantified Self* (blog), October 5, 2007, https://web.archive.org/web/20111101100244/http://quantifiedself.com/2007/1/what-is-the-quantifiable-self/.

26. Maggie Delano and Amelia Rocchi, "QSXX Quantified Self Women's Meetup Boston," *Meetup*, March 5, 2015, https://www.meetup.com/QSXX-Quantified-Self-Womens-Meetup-Boston/; Amelia Greenhall, interview with author, December 17, 2014.

27. Amelia Greenhall, "The First Quantified Self Women's Meetup," *Quantified Self* (blog), July 16, 2013, http://quantifiedself.com/2013/07/the-first-quantified-self-womens-meetup/; recent books about productivity and QS by women include Gina Neff and Dawn Nafus, *Self-Tracking* (Cambridge, MA: MIT Press, 2016); Deborah Lupton, *The Quantified Self: A Sociology of Self-Tracking* (Malden, MA: Polity, 2016); and Phoebe V. Moore, *The Quantified Self in Precarity* (New York: Routledge, 2017), Kindle.

28. Emilia Greenhall, "Quantified Self at the Frontier of Feminism," ed. Emilia Greenhall and Shanely Cane, *Model View Culture*, No. 1 (April 2014): 73; Rose Eveleth, "How Self-Tracking

Apps Exclude Women," *Atlantic*, December 15, 2014, https://www.theatlantic.com/technology/archive/2014/12/how-self-tracking-apps-exclude-women/383673/; see also Deborah Lupton, "Quantify the Sex: A Critical Analysis of Sexual and Reproductive Self-Tracking Using Apps," *Culture, Health & Sexuality* 17, No. 4 (2015): 440–453, https://doi.org/10.1080/13691058.2014. 920528; 也有些人指出，硅谷人士倾向于解决那些被过分简单化的，甚至根本不存在的问题。例子参见：Evgeny Morozov, *To Save Everything, Click Here: The Folly of Technological Solutionism* (New York: PublicAffairs, 2014).

29. Debbie Chachra, "Why I Am Not a Maker," *Atlantic*, January 23, 2015, https://www.theatlantic.com/technology/archive/2015/01/why-i-am-not-a-maker/384767/.

30. Joshua Fields Millburn and Ryan Nicodemus, "About Joshua & Ryan," *The Minimalists* (blog), August 6, 2015, https://www.theminimalists.com/about/.

31. Nicodemus, quoted in Taryn Plumb, "Like Henry David Thoreau, but with WiFi," *Boston Globe*, December 19, 2012, https://www.bostonglobe.com/lifestyle/style/2012/12/19/like-henry-david-thoreau-but-with-wifi/AXbWgbzx9PLGwJ1jf/geQvL/story.html.

32. Leo Babauta, "Zen to Done: The Simple Productivity E-Book," *Zen Habits* (blog),November 6, 2007, http://zenhabits.net/zen-to-done-the-simple-productivity-e-book/; Leo Babauta, *The Power of Less: The Fine Art of Limiting Yourself to the Essential—in Business and in Life* (New York: Hyperion, 2009); Leo Babauta, "Toss Productivity Out," *Zen Habits* (blog), September 6, 2011, http://zenhabits.net/un/; for a more completehistory of digital minimalists and the subsequent backlash, see Thomas, "Life Hacking," chap. 2.

33. Colin Wright, "Minimalism Explained," *Exile Lifestyle* (blog), September 15, 2010, http://exilelifestyle.com/minimalism-explained/.

34. Dave Bruno, *The 100 Thing Challenge: How I Got Rid of Almost Everything, Remade My Life, and Regained My Soul* (New York: Harper, 2010).

35. Rita Holt, "Deleted Blog," *Deleted Blog* (blog), November 30, 2010.

36. Marie Kondo, *The Life-Changing Magic of Tidying Up: The Japanese Art of Decluttering and Organizing*, trans. Cathy Hirano (2011; trans., Berkeley, CA: Ten Speed, 2014).

37. Nick Winter, "99 Things," March 25, 2012, http://www.nickwinter.net/things; Everett Bogue, "Why I Live with 57 Things (and What They Are)," *Far Beyond the Stars* (blog), July 30, 2010, http://www.farbeyondthestarsthearchives.com/why-i-live-with-57-things-and-what-they-are/; Kelly Sutton, "Is It Possible to Own Nothing?," *Cult of Less* (blog), September 8, 2009, http://web.

archive.org/web/20150816160313/ http://cultofless.tumblr.com/post/182833987/is-it-possible-to-own-nothing; Tynan, *Life Nomadic*, loc. 314.

38. "About," *Black Minimalists* (blog), December 16, 2017, https://blackminimalists.net/about/; Cameron Glover, "Is Minimalism for Black People?," *Pacific Standard*, November 15, 2017, https://psmag.com/social-justice/is-minimalism-for-black-pepo.

39. Courtney Carver, "Minimalist Fashion Project 333 Begins," *Be More with Less* (blog), October 1, 2010, https://bemorewithless.com/minimalist-fashion-project-333-begins/; Courtney Carver, "Women Can Be Minimalists Too," *Be More with Less* (blog), January 13, 2015, https://bemorewithless.com/women/; Tammy Strobel, "Living with 72 Things," *Rowdy Kittens* (blog), October 4, 2009, https://www.rowdykittens.com/2009/10/living-with-72-things/.

40. Marie Kondo, quoted in Richard Lloyd Parry, "Marie Kondo Is the Maiden of Mess," *Australian*, April 19, 2014, https://www.theaustralian.com.au/news/world/marie-kondo-is-the-maiden-of-mess/news-story/bcf67ad21c7063456db7440b5afba67c.

41. Graham Hill, "Living with Less. A Lot Less," *New York Times*, March 9, 2013, https://www.nytimes.com/2013/03/10/opinion/sunday/living-with-less-a-lot-less.html.

42. Thomas, "Life Hacking," 100, 141.

43. Alexei Sayle, "Barcelona Chairs," in *The Dogcatcher* (London: Scepter, 2001), 87–89, 98.

44. Rita Holt, Interview with Author, May 25, 2017.

45. Sarah Goodyear, "The Minimalist Living Movement Could Use a Different Spokesperson," *CityLab,* March 21, 2013, https://www.citylab.com/housing/2013/03/minimalist-living-movement-could-use-different-spokesperson/5040/.

46. Richard Kim, "What's the Matter with Graham Hill's 'Living with Less,'" *Nation,*March 13, 2013, https://www.thenation.com/article/whats-matter-graham-hills-living-less/.

47. Colin Wright, "Extremes Are Easy," TEDxWhitefish, July 14, 2015, https://youtu.be/AnCJn6BxCGo; Annie, "The Slavery of Extreme Minimalism," *Annienygma* (blog), January 4, 2011, https://web.archive.org/web/20110108024319/annienygma.com/2011/01/the-slavery-of-extreme-minimalism/; Dave Bruno, in Katy Waldman, "Is Minimalism Really Sustainable? It's Easy to Live with Very Few Things If You Can Buy Whatever You Want," *Slate*, March 27, 2013, http://www.slate.com/articles/life/culturebox/2013/03/graham_hill_essay_in_the_new_york_times_is_minimalism_really_sustainable.html; Anthony Ongaro, "Avoid This One Minimalism Mistake," YouTube, September21, 2016, https://youtu.be/KrFz2qJmvrM; Kristin Wong, "Beware the 'Keeping

Up with the Joneses' Trap of a Minimalist Lifestyle," *Lifehacker* (blog), February 15, 2017, https://lifehacker.com/beware-the-keeping-up-with-the-joneses-trap-of-a-mini-1792355551.

48. Greg McKeown, *Essentialism: The Disciplined Pursuit of Less* (New York: Crown, 2014), 7.

49. Charlie Lloyd, "Wealth, Risk, and Stuff," *Tupperwolf* (blog), March 13, 2013, http://vruba.tumblr.com/post/45256059128/wealth-risk-and-stuff.

50. Tynan, "The Less Fortunate," *Tynan* (blog), March 5, 2013, http://tynan.com/inocente.

健康黑客

1. Kevin Kelly, "What Is the Quantified Self?," *Quantified Self* (blog), October 5, https://web.archive.org/web/20111101100244/http://quantifiedself.com/2007/10/what-is-the-quantifiable-self/.

2. Peter Drucker, quoted in Paul Zak, "Measurement Myopia," *The Drucker Institute,* July 4, 2013, http://www.druckerinstitute.com/2013/07/measurement-myopia/.

3. Marilyn Strathern, "'Improving Ratings': Audit in the British University System," *European Review* 5, No. 3 (July 1997): 308, https://doi.org/10.1017/S1062798700002660; Joseph Reagle, *Reading the Comments: Likers, Haters, and Manipulators at the Bottom of the Web* (Cambridge, MA: MIT Press, 2015), 56, http://reagle.org/joseph/2015/rtc/.

4. Gary Wolf, "The Data-Driven Life," *New York Times Magazine*, April 18, 2010, https://www.nytimes.com/2010/05/02/magazine/02self-measurement-t.html.

5. Gary Wolf, "WHY?," *Quantified Self* (blog), September 19, 2008, http://quantifiedself.com/2008/09/but-why/.

6. 一项关于自我追踪者的调研指出了这一人群追踪自我的 3 大主要动机：（1）改善健康以及（2）生活中其他方面的情况（3）拥有新的生活经验（比如和好奇心、乐趣以及学习新知有关的经验）。参见：See Eun Kyoung Choe, Nicole B. Lee, Bongshin Lee, Wanda Pratt, and Julie A. Kientz, "Understanding Quantified-Selfers' Practices in Collecting and Exploring Personal Data," in *CHI '14: Proceedings of the 32nd Annual ACM Conference on Human Factors in Computing Systems* (New York: Association for Computing Machinery, 2014), 1147, https://doi.org/10.1145/2556288.2557372; 关于动机的评论，参见：Sara M. Watson, "Living with Data: Personal Data Uses of the Quantified Self" (MSc thesis, University of Oxford, 2013), 9, http://www.saramwatson.com/blog/living-with-data-personal-data-uses-of-the-quantified; see also Tamar Sharon and Dorien Zandbergen, "From Data Fetishism to Quantifying Selves: Self-Tracking

Practices and the Other Values of Data," *New Media & Society* 19, No. 11 (2017):1695–1709, http://dx.doi.org/10.1177/1461444816636090.

7. Kay Stoner, Interview with Author, January 26, 2015.

8. Charles Duhigg, *Smarter Faster Better: The Secrets of Being Productive in Life and Business* (New York: Random House, 2016), Kindle.

9. Tynan, *Superhuman by Habit: A Guide to Becoming the Best Possible Version of Yourself, One Tiny Habit at a Time* (Middletown, DE: Amazon Digital Services, 2014), Kindle; Tynan, Superhuman Social Skills: A Guide to Being Likeable, Winning Friends, and Building Your Social Circle (Seattle, WA: Amazon Digital Services, 2015), Kindle; Tim Ferriss, *The 4-Hour Body: An Uncommon Guide to Rapid Fat-Loss, Incredible Sex, and Becoming Superhuman* (New York: Crown Archetype, 2010); Tim Ferriss, The Tim Ferriss Experiment on iTunes, iTunes, April 27, 2014, https://itunes.apple.com/us/tv-season/the-tim-ferriss-experiment/id984734983.

10. Julian Huxley, "Transhumanism," in *New Bottles for New Wine* (London: Chatto &Windus, 1957), 17, https://archive.org/stream/NewBottlesForNewWine/New-Bottles-For-New-Wine#page/n15/mode/2up; Huxley's approach was preceded by Ellen H.Richards, Euthenics, *the Science of Controllable Environment: A Plea for Better Living Conditions as a First Step toward Higher Human Efficiency* (1912; repr., Middletown, DE: Amazon Digital Services, 2011), Kindle.

11. Julian Huxley, "The Uniqueness of Man," 1943, 64–70, https://archive.org/stream/ TheUniquenessOfMan/The%20Uniqueness%20of%20Man_djvu.txt.

12. Mark O'Connell, *To Be a Machine: Adventures among Cyborgs, Utopians, Hackers, and the Futurists Solving the Modest Problem of Death* (New York: Doubleday,2017), 7.

13. Ray Kurzweil, *The Singularity Is Near: When Humans Transcend Biology* (New York: Viking, 2005).

14. Wired Staff, "Meet the Extropians," *Wired*, April 11, 1994, https://www.wired. com/1994/10/extropians/; Max More, "Transhumanism: A Futurist Philosophy," 1990, https://web. archive.org/web/20051029125153/http://www.maxmore.com/transhum.htm.

15. Kevin Kelly, "Extropy," *The Technium* (blog), August 29, 2009, http://kk.org/thetechnium/ extropy/.

16. Anna Wiener, "Only Human: Meet the Hackers Trying to Solve the Problem of Death," *New Republic*, February 16, 2017, https://newrepublic.com/article/140260/human.

17. Robert Crawford, "Healthism and the Medicalization of Everyday Life," *International*

Journal of Health Services 10, No. 3 (1980), 365, https://www.ncbi.nlm.nih.gov/pubmed/7419309; see also Deborah Lupton, "Quantifying the Body: Monitoring and Measuring Health in the Age of mHealth Technologies," *Critical Public Health* 23, No. 4 (2010): 397, https://doi.org/10.1080/0958 1596.2013.794931.

18. Seth Roberts, "Seth Roberts on Acne: Guest Blog, Part IV," *Freakonomics* (blog), September 15, 2005, http://freakonomics.com/2005/09/15/seth-roberts-on-acne-guest-blog-pt-iv/.

19. Stephen J. Dubner and Steven D. Levitt, "Does the Truth Lie Within?," *New York Times*, September 11, 2005, https://www.nytimes.com/2005/09/11/magazine/does-the-truth-lie-within. html; Seth Roberts, "Self-Experimentation as a Source of New Ideas: Ten Examples about Sleep, Mood, Health, and Weight," *Behavioral and Brain Sciences* 27, No. 2 (April 2004): 227–262, https://doi.org/10.1017/S0140525X04000068; Seth Roberts, *The Shangri-La Diet: The No Hunger Eat Anything Weight-Loss Plan* (New York: G. P. Putnam's Sons, 2006); also see Robert Sanders, "Smelling Your Food Makes You Fat," *Berkeley News*, July 5, 2017, http://news.berkeley. edu/2017/07/05/smelling-your-food-makes-you-fat/.

20. Seth Roberts, "Effect of One-Legged Standing on Sleep," *Personal Science, Self-Experimentation, Scientific Method* (blog), March 22, 2011, http://archives.sethroberts.net/ blog/2011/03/22/effect-of-one-legged-standing-on-sleep/.

21. Seth Roberts, "More about Pork Fat and Sleep," *Personal Science, Self-Experimentation, Scientific Method* (blog), July 14, 2012, http://archives.sethroberts.net/blog/2012/07/14/more-about-pork-fat-and-sleep/.

22. Seth Roberts, "Seth Roberts' Final Column: Butter Makes Me Smarter," *Observer*, April 28, 2014, http://observer.com/2014/04/seth-roberts-final-column-butter-makes-me-smarter/; Seth Roberts, "Arithmetic and Butter," *Personal Science, Self-Experimentation, Scientific Method* (blog), August 13, 2010, http://archives.sethroberts.net/blog/2010/08/13/arithmetic-and-butter/.

23. Roberts, "Seth Roberts' Final Column".

24. Richard Sprague, "Fish Oil Makes Me Smarter," *Vimeo*, June 21, 2015, https://vimeo. com/147673343.

25. Anthony Giddens, "The Trajectory of Self," in *Modernity and Self-Identity: Self and Society in the Late Modern Age* (Stanford, CA: Stanford University Press, 1997), 83.

26. Gina Neff and Dawn Nafus, *Self-Tracking* (Cambridge, MA: MIT Press, 2016), 85.

27. Roberts, "More about Pork Fat and Sleep".

28. Stoner, Interview with Author.

29. BrainQUICKEN, "Improve Your Mental Performance with the World's First Neural Accelerator," BrainQUICKEN/BodyQUICKEN, July 13, 2003, https://web.archive.org/web/20040401233359/http://www.brainquicken.com:80/index2.asp.

30. Tim Ferriss, quoted in Aaron Gell, "If You're Not Happy with What You Have, You Might Never Be Happy," *Entrepreneur*, January 5, 2017, https://www.entrepreneur.com/article/286674.

31. Jim Rohn, *7 Strategies for Wealth & Happiness: Power Ideas from America's Foremost Business Philosopher*, 2nd ed. (1985; repr., Harmony, 2013), 86, Kindle.

32. Tony Robbins and Tim Ferriss, "Tony Robbins—on Achievement versus Fulfillment," *4-Hour Workweek* (blog), August 10, 2016, at 30:00, https://fourhourworkweek.com/2016/08/10/tony-robbins-on-achievement-versus-fulfillment/; Tim Ferriss, "CalFussman Corners Tim Ferriss (#324)," *The Blog of Author Tim Ferriss*, June 30, 2018, at 25:00–50:00, https://tim.blog/2018/06/30/cal-fussman-corners-tim-ferriss/.

33. Dwight Garner, "New! Improved! Shape Up Your Life!," *New York Times*, August 15, 2016, https://www.nytimes.com/2011/01/07/books/07book.html.

34. Tim O'Reilly, Kevin Kelly, and Mark Frauenfelder, "Tim O'Reilly Interview," *Cool Tools*, October 10, 2016, 14:00, http://kk.org/cooltools/tim-oreilly-founder-of-oreilly-media/.

35. 尽管塞思·罗伯茨接受了一些存疑的猜想，他还是强烈指责了其他人提出的有待考证的观点。参见：Seth Roberts and Saul Sternberg, "Do Nutritional Supplements Improve Cognitive Function in the Elderly?," *Nutrition* 19, nos. 11–12 (November 2003): 976–978, https://doi.org/10.1016/S0899-9007(03)00025-X.

36. Rob Rhinehart, "What's in Soylent," *Mostly Harmless* (blog), February 14, 2013, https://web.archive.org/web/20130217140854/robrhinehart.com/%3Fp=424.

37. Rob Rhinehart, "How I Stopped Eating Food," *Mostly Harmless* (blog), February 13, 2013, https://web.archive.org/web/20130216102825/http://robrhinehart.com/?p=298.

38. Rob Rhinehart, "The Appeal of Outsourcing," *Mostly Harmless* (blog), August 5, 2015, https://web.archive.org/web/20150807071331/robrhinehart.com/%3Fp=1366.

39. Ron A., Interview with Author, March 2016.

40. Barry Schwartz, *The Paradox of Choice: Why More Is Less* (New York: Harper Collins, 2004); Reagle, Reading the Comments, 22.

41. Lee Hutchinson, "The Psychology of Soylent and the Prison of First-World Food

Choices," *Ars Technica*, May 29, 2014, https://arstechnica.com/gadgets/2014/05/the-psychology-of-soylent-and-the-prison-of-first-world-food-choices/.

42. Tynan, "The Benefit of Automating Everything," *Tynan* (blog), April 7, 2017,http://tynan.com/automateit.

43. Colin Wright, *My Exile Lifestyle* (Missoula, MT: Asymmetrical, 2014), 69.

44. Chris Anderson, "'After Many Years of Self-Tracking Everything (Activity, Work, Sleep) I've Decided It's [Mostly] Pointless. No Non-Obvious Lessons or Incentives :(,'" Twitter, April 16, 2016, https://twitter.com/chr1sa/status/721198400150966274.

45. Stewart Brand, "Being Lazier Than Chris, I Only Lasted a Few Months SelfTracking. Not All Mirrors Are Windows," Twitter, April 16, 2016, https://twitter.com/stewartbrand/status/721366233170325504.

46. Kevin Kelly, "Over the Long Term, the Future Is Decided by Optimists," Twitter,April 25, 2014, https://twitter.com/kevin2kelly/status/459723553642778624.

关系黑客

1. Neil Strauss, *The Game: Penetrating the Secret Society of Pickup Artists* (New York: ReganBooks, 2005); Tynan, "How I Became a Famous Pickup Artist—Part 1," January 18, 2006, http://tynan.com/how-i-became-a-famous-pickup-artist-part-1.

2. Tynan, *Make Her Chase You: The Guide to Attracting Girls Who Are "Out of Your League" Even If You're Not Rich or Handsome* (self-published, CreateSpace, 2008); Mystery, *The Mystery Method: How to Get Beautiful Women into Bed* (New York: St. Martin's, 2006).

3. Mystery, *The Mystery Method*, 2.

4. Paul Buchheit, "Applied Philosophy, a.k.a. 'Hacking,'" October 13, 2009, http://paulbuchheit.blogspot.com/2009/10/applied-philosophy-aka-hacking.html.

5. Abraham Maslow, *The Psychology of Science* (New York: Harper & Row, 1966),15–16.

6. Joseph Reagle, "Nerd vs. Bro: Geek Privilege, Triumphalism, and Idiosyncrasy," *First Monday* 23, No. 1 (January 1, 2018), https://doi.org/10.5210/fm.v23i1.7879.

7. Tristan Miller, "Why I Will Never Have a Girlfriend," *Logological* (blog), December 20, 1999, https://www.improbable.com/airchives/paperair/volume8/v8i3/AIR_8-3-why-never-girlfriend.pdf.

8. Ran Almog and Danny Kaplan, "The Nerd and His Discontent: The Seduction Community

and the Logic of the Game as a Geeky Solution to the Challenges of Young Masculinity," *Men and Masculinities* 20, no. 1 (2017): 27–48, https://doi.org/10.1177/1097184x15613831; Matt Thomas, "Life Hacking: A Critical History,2004–2014" (PhD diss., University of Iowa, 2015), 203–206; Brittney Cooper and Margaret Rhee, "Introduction: Hacking the Black/White Binary," *Ada: A Journal of Gender, New Media, and Technology*, No. 6 (January 2015), https://adanewmedia.org/2015/01/issue6-cooperrhee/.

9. Eric Raymond, "Sex Tips for Geeks," catb, September 4, 2004, http://www.catb.org/esr/writings/sextips/.

10. Mystery, *The Mystery Method*, 8–9.

11. Eric Weber, *How to Pick Up Girls* (New York: Symphony, 1970), 85.

12. Weber, 1.

13. Joseph O'Connor and John Seymour, *Introducing NLP: Psychological Skills for Understanding and Influencing People* (San Francisco: Conari, 2011), xii.

14. Gareth Roderique-Davies, "Neuro-Linguistic Programming: Cargo Cult Psychology?," *Journal of Applied Research and Higher Education* 1, No. 2 (2009): 58–62, https://doi.org/10.1108/17581184200900014.

15. Scott Adams and Tim Ferriss, "Scott Adams: The Man behind Dilbert," *4-Hour Workweek* (blog), September 22, 2015, 2:03:45, https://fourhourworkweek.com/2015/09/22/scott-adams-the-man-behind-dilbert/; Scott Adams, *How to Fail at Almost Everything and Still Win Big: Kind of the Story of My Life* (New York: Penguin, 2013), 2.

16. Ross Jeffries, "'So Hard in Your Mouth'?," *Speed Seduction* (blog), May 18, 2011, http://www.seduction.com/blog/so-hard-in-your-mouth/.

17. Ross Jeffries, *How to Get the Women You Desire into Bed: A Down and Dirty Guide to Dating and Seduction for the Man Who Is Fed Up with Being Mr. Nice Guy* (self-published, 1992), http://www.maerivoet.org/website/links/miscellaneous/speed-seduction-book/resources/speed-seduction-book.pdf; Ellen Fein and Sherrie Schneider, *The Rules: Time-Tested Secrets for Capturing the Heart of Mr. Right* (New York: Warner, 1996).

18. Joseph Reagle, *Reading the Comments: Likers, Haters, and Manipulators at the Bottom of the Web* (Cambridge, MA: MIT Press, 2015), chap. 6, http://reagle.org/joseph/2015/rtc/.

19. Strauss, *The Game*, 161, 242.

20. Jason Comely, Rejection Therapy: Entrepreneur Edition, June 13, 2015, https://www.

288 || 生活黑客

thegamecrafter.com/games/rejection-therapy-entrepreneur-edition.

21. Tynan, *Superhuman Social Skills: A Guide to Being Likeable, Winning Friends, and Building Your Social Circle* (Seattle, WA: Amazon Digital, 2015), loc. 20, 75 of 1567, Kindle.

22. Strauss, *The Game*, 20–21.

23. Randall Munroe, "Pickup Artist," *XKCD,* 2012, https://xkcd.com/1027/.

24. Tynan, "A Frame-by-Frame Rebuttal to XKCD's Pickup Artist Comic," March 9, 2012, http://tynan.com/xkcd.

25. Amy Webb, "Amy Webb: How I Hacked Online Dating," TED.com, April 21, 2013, https://www.ted.com/talks/amy_webb_how_i_hacked_online_dating; Amy Webb, *Data, a Love Story: How I Cracked the Online Dating Code to Meet My Match* (New York: Plume, 2013).

26. Kevin Poulsen, "How a Math Genius Hacked OkCupid to Find True Love," Wired, June 21, 2012, https://www.wired.com/2014/01/how-to-hack-okcupid/all/; Christopher McKinlay, *Optimal Cupid: Mastering the Hidden Logic of OkCupid* (Seattle, WA: Amazon, 2014), Kindle.

27. Tim Ferriss, "Mail Your Child to Sri Lanka or Hire Indian Pimps: Extreme Personal Outsourcing," *4-Hour Workweek* (blog), July 24, 2007, https://fourhourworkweek.com/2007/07/24/mail-your-child-to-sri-lanka-or-hire-indian-pimps-extreme-personal-outsourcing/.

28. Ferriss.

29. Sebastian Stadil, "Looking for the One: How I Went on 150 Dates in 4 Months: My Failed Attempt at Engineering Love," *Medium* (blog), July 23, 2016, https://medium.com/the-mission/looking-for-the-one-how-i-went-on-150-dates-in-4-months-bf43a095516c.

30. Stadil.

31. Nick Winter, interview with author, July 7, 2015.

32. Ben Popken, "The Couple That Pays Each Other to Put Kids to Bed," *NBC News*, August 4, 2014, https://www.nbcnews.com/business/consumer/couple-pays-each-other-put-kids-bed-n13021; Faire Soule-Reeves, "Beeminder's Youngest User," *Beeminder* (blog), November 21, 2015, https://blog.beeminder.com/faire/.

33. Bethany Soule, quoted in Popken, "The Couple That Pays Each Other to Put Kids to Bed."

34. Bethany Soule, "For Love and/or Money: Financial Autonomy in Marriage," *Messy Matters* (blog), April 13, 2013, http://messymatters.com/autonomy/.

35. Paula Szuchman and Jenny Anderson, *Spousonomics: Using Economics to Master Love,*

Marriage and Dirty Dishes (New York: Random House, 2011).

36. Tim Ferriss and Esther Perel, "The Relationship Episode: Sex, Love, Polyamory, Marriage, and More," *The Tim Ferriss Show* (blog), October 26, 2017, 01:22:08, http://tim.blog/2017/05/21/esther-perel/.

37. Luke Zaleski, "And Now, Here's What We Think of That Married Couple Paying Each Other to Do Chores," *GQ,* February 14, 2014, https://www.gq.com/story/married-couple-money-chores; the critiques I discuss fall within the eight categories recently delineated by John Danaher, Sven Nyholm, and Brian D. Earp, "The Quantified Relationship," *American Journal of Bioethics* 18, No. 2 (2018): 3–19, https://doi.org/10.1080/15265161.2017.1409823.

38. Sarah Gould, "The Sixth Love Language," *Catholic Insight* (blog), May 1, 2014, https://catholicinsight.com/the-sixth-love-language/.

39. Paulina Borsook, *Cyberselfish: A Critical Romp through the Terribly Libertarian Culture of High-Tech* (New York: PublicAffairs, 2000), 215.

40. Valerie Aurora, "Between the Spreadsheets: Dating by the Numbers," December 20, 2015, https://blog.valerieaurora.org/2015/12/20/between-the-spreadsheets-dating-by-the-numbers/.

41. Aurora.

42. David Finch, *Journal of Best Practices: A Memoir of Marriage, Asperger's Syndrome, and One Man's Quest to Be a Better Husband* (New York: Scribner, 2012), 217.

意义黑客

1. Dale Davidson, "About the Project," *The Ancient Wisdom Project,* August 14, 2017, https://theancientwisdomproject.com/about/.

2. Davidson, "About the Project."

3. Tim Ferriss, *The 4-Hour Chef: The Simple Path to Cooking Like a Pro, Learning Anything, and Living the Good Life* (Boston: New Harvest, 2012), 626.

4. Seneca, *Letters from a Stoic: Epistulae Morales ad Lucilium, trans. Robin Campbell* (Harmondsworth, UK: Penguin, 1974), 37.

5. Seneca, *Letters from a Stoic, 199; Seneca, Moral Letters to Lucilius,* vol. 1, trans. Richard Mott Gummere, Wikisource (1917; repr., Loeb Classical Library, Cambridge, MA: Harvard University Press, 2009), letter 18, https://en.wikisource.org/wiki/Moral_letters_to_Lucilius.

6. Epictetus, *Discourses, Fragments, Handbook*, trans. Robin Hard (Oxford: Oxford

University Press, 2014).

7. Marcus Aurelius, *Meditations*, trans. Maxwell Staniforth (New York: Penguin Books, 2005), sec. 5.28.

8. William B. Irvine, *A Guide to the Good Life: The Ancient Art of Stoic Joy* (Oxford: Oxford University Press, 2009).

9. Massimo Pigliucci, *How to Be a Stoic: Using Ancient Philosophy to Live a Modern Life* (New York: Basic, 2017).

10. Tim Ferriss, *Tribe of Mentors: Short Life Advice from the Best in the World* (New York: Houghton Mifflin Harcourt, 2017).

11. Tim Ferriss, "The Tao of Seneca," *4-Hour Workweek* (blog), January 22, 2016, https://fourhourworkweek.com/2016/01/22/the-tao-of-seneca/.

12. Ryan Holiday, "About," 2016, https://ryanholiday.net/about/; Robert Greene, *The 48 Laws of Power* (New York: Penguin, 2000).

13. Ryan Holiday, *Trust Me I'm Lying: Confessions of a Media Manipulator* (New York: Portfolio/Penguin, 2012); Ryan Holiday, *Growth Hacker Marketing: A Primer on the Future of PR, Marketing, and Advertising* (New York: Portfolio/Penguin, 2013).

14. Betsy Haibel, "The Fantasy and Abuse of the Manipulable User," *Model View Culture*, April 28, 2016, https://modelviewculture.com/pieces/the-fantasy-and-abuse-of-the-manipulable-user.

15. Ryan Holiday, *The Obstacle Is the Way: The Timeless Art of Turning Trials into Triumph* (New York: Portfolio/Penguin, 2014); Ryan Holiday, *Ego Is the Enemy* (New York: Portfolio/Penguin, 2016); Ryan Holiday and Stephen Hanselman, *The Daily Stoic: 366 Meditations on Wisdom, Perseverance, and the Art of Living* (New York: Portfolio/Penguin, 2016).

16. Alexandra Alter, "Ryan Holiday Sells Stoicism as a Life Hack, without Apology," *New York Times*, December 6, 2016, https://www.nytimes.com/2016/12/06/fashion/ryan-holiday-stoicism-american-apparel.html.

17. Tynan, "Emotional Minimalism," January 27, 2017, http://tynan.com/minemo.

18. Tynan, "Becoming a Pro Poker Player," August 18, 2008, http://tynan.com/becoming-a-pro-poker-player; Tynan and John Sonmez, "Increasing Your Productivity as a Developer (with Tynan)," Youtube: Simple Programmer, May 20, 2017, 38:00,https://youtu.be/doGvF0k_4jA; for more on emotional management and poker, see Natasha Dow Schüll, "Abiding Chance: Online

Poker and the Software of SelfDiscipline," *Public Culture* 28, No. 3 (80) (August 24, 2016), https:// doi.org/10.1215/08992363-3511550.

19. Tynan, email to author, November 17, 2017.

20. Irvine, *A Guide to the Good Life*, 7; see also Chiara Sulprizio, "Why Is Stoicism Having a Cultural Moment?," *Medium* (blog), October 12, 2015, https://medium.com/eidolon/why-is-stoicism-having-a-cultural-moment-5f0e9963d560.

21. Tim Ferriss, "Stoicism 101: A Practical Guide for Entrepreneurs," *4-Hour Workweek* (blog), April 13, 2009, https://fourhourworkweek.com/2009/04/13/stoicism-101-a-practical-guide-for-entrepreneurs/.

22. Michel Foucault, *Technologies of the Self* (1982), in *Ethics: Subjectivity and Truth* (Essential Works of Foucault, 1925–1984, Vol. 1), ed. Paul Rabinow, trans. Robert Hurley (New York: New Press, 1998), 226.

23. Nick Reese, "Cold Shower Therapy: How to Take Control of Your Business and Life," May 26, 2016, http://nicholasreese.com/exclusives/cold-showers/; Joel Runyon, "Why Do the Impossible?," *Impossible HQ* (blog), January 4, 2016, https://impossiblehq.com/why-do-the-impossible/; Dale Davidson, "What I Learned from Taking 30 Ice Baths in 30 Days," *Observer*, October 22, 2015, http://observer.com/2015/10/what-i-learned-from-taking-30-ice-baths-in-30-days/.

24. Tim Ferriss, "How to Cage the Monkey Mind," *4-Hour Workweek* (blog), July 24, 2016, 09:00, https://fourhourworkweek.com/2016/07/24/how-to-cage-the-monkey-mind/.

25. Ryan Holiday, "Stoicism 101: A Practical Guide for Entrepreneurs," *4-Hour Workweek* (blog), April 13, 2009, https://fourhourworkweek.com/2009/04/13/stoicism-101-a-practical-guide-for-entrepreneurs/.

26. Ferriss, "The Tao of Seneca".

27. Irvine, *A Guide to the Good Life*, 72.

28. Tim Peters, "PEP 20—The Zen of Python," Python.org, August 19, 2004, https://www.python.org/dev/peps/pep-0020/.

29. Jon Kabat-Zinn, *Full Catastrophe Living: Using the Wisdom of Your Body and Mind to Face Stress, Pain, and Illness* (New York: Bantam Doubleday, 1991).

30. Chade-Meng Tan, *Search Inside Yourself: The Unexpected Path to Achieving Success, Happiness (and World Peace)* (New York: HarperOne, 2012), 4–5.

31. Bill Duane, "Interview," *Vimeo: Mindful Direct,* 2014, 01:40, https://vimeo.com/89332988; Duane, quoted in Noah Shachtman, "Meditation and Mindfulness Are the New Rage in Silicon Valley," *Wired*, August 9, 2013, http://www.wired.co.uk/article/success-through-enlightenment.

32. Michael W. Taft, *The Mindful Geek: Mindfulness Meditation for Secular Skeptics* (Kensington, CA: Cephalopod Rex, 2015), 11.

33. *Silicon Valley*, "The Cap Table" episode, directed by Mike Judge, written by Carson D. Mell, aired April 13, 2014, on HBO, https://www.imdb.com/title/tt3668816/.

34. Kathleen Chaykowski, "Meet Headspace, the App That Made Meditation a $250 Million Business," *Forbes*, January 8, 2017, https://www.forbes.com/sites/kathleenchaykowski/2017/01/08/meet-headspace-the-app-that-made-meditation-a-250-million-business/.

35. Steven Novella, "Is Mindfulness Meditation Science-Based?," *Science-Based Medicine* (blog), October 18, 2017, https://sciencebasedmedicine.org/is-mindfulness-meditation-science-based/; Inmaculada Plaza, Marcelo Marcos Piva Demarzo, Paola Herrera-Mercadal, and Javier García-Campayo, "Mindfulness-Based Mobile Applications: Literature Review and Analysis of Current Features," *JMIR mHealth and uHealth* 1, No. 2 (November 1, 2013): e24, doi:10.2196/mhealth.2733; Krista Lagus, "Looking at Our Data-Perspectives from Mindfulness Apps and Quantified Self as a Daily Practice," in *Proceedings: 2014 IEEE International Conference on Bioinformatics and Biomedicine (BIBM)*, ed. Huiru (Jane) Zheng, Werner Dubitzky, Xiaohua Hu, Jin-Kao Hao, Daniel Berrar, Kwang-Hyun Cho, Yadong Wang, and David Gilbert (November 2–5, 2014, Belfast, UK), doi:10.1109/BIBM.2014.6999287; MadhavanMani, DavidJ. Kavanagh, LeanneHides, and StoyanR.Stoyanov, "Review and Evaluation of Mindfulness-Based Iphone Apps," *JMIR mHealth and uHealth* 3, No. 3 (August 19, 2015): e82, https://www.ncbi.nlm.nih.gov/pmc/articles/PMC4705029/; John Torous and Joseph Firth, "The Digital Placebo Effect: Mobile Mental Health Meets Clinical Psychiatry," *The Lancet Psychiatry* 3, No. 2 (February 2016): 101, doi:10.1016/S2215-0366(15)00565-9.

36. Rich Pierson, quoted in David Gelles, "Inner Peace in the Palm of Your Hand, for a Price," *New York Times*, December 5, 2016, https://www.nytimes.com/2016/12/03/business/inner-peace-in-the-palm-of-your-hand-for-a-price.html; Alissa Walker,"Is Apple's New Meditation App More Full of Shit Than Deepak Chopra?," *Gizmodo*(blog), June 16, 2016, https://gizmodo.com/is-apple-s-new-meditation-app-more-full-of-shit-than-de-1781906778.

37. Annika Howells, Itai Ivtzan, and Francisco Jose Eiroa-Orosa, "Putting the 'App' in Happiness: A Randomised Controlled Trial of a Smartphone-Based Mindfulness Intervention to Enhance Wellbeing," *Journal of Happiness Studies* 17, No. 64 (October 29, 2014): 163–85, https://doi.org/10.1007/s10902-014-9589-1.

38. Thomas Joiner, "Mindfulness Would Be Good for You. If It Weren't So Selfish," *Washington Post*, August 25, 2017, https://www.washingtonpost.com/outlook/mindfulness-would-be-good-for-you-if-it-werent-all-just-hype/2017/08/24/b97d0220-76e2-11e7-9eac-d56bd5568db8_story.html.

39. Martin E. Héroux, Colleen K. Loo, Janet L. Taylor, and Simon C. Gandevia, "Questionable Science and Reproducibility in Electrical Brain Stimulation Research," *PLOS ONE* 12, No. 4 (April 26, 2017): e0175635, https://doi.org/10.1371/journal.pone.0175635; more generally, see Anna Wexler, "The Social Context of 'Do-ItYourself' Brain Stimulation: Neurohackers, Biohackers, and Lifehackers," *Frontiers in Human Neuroscience* 11 (May 10, 2017), https://doi.org/10.3389/fnhum.2017.00224.

40. *Silicon Valley*, "The Cap Table".

41. Tim Ferriss, "How to Optimize Creative Output—Jarvis versus Ferriss," *4-Hour Workweek* (blog), May 13, 2016, 25:26, https://fourhourworkweek.com/2016/05/13/how-to-optimize-creative-output-jarvis-versus-ferriss/.

42. Tara Brach and Tim Ferriss, "Tara Brach on Meditation and Overcoming FOMO (Fear of Missing Out)," *Tim Ferriss Blog* (blog), July 31, 2015, 42:00–52:00, https://fourhourworkweek.com/2015/07/31/tara-brach/.

43. 在 2017 年的下半年，费里斯表示他在重新考量自己的"冥想工具"。参见：Richard Feloni, "Tim Ferriss Realized He Was Successful, but Not Happy," *Business Insider*, November 21, 2017, http://www.businessinsider.com/tim-ferriss-how-to-be-happy-2017-11; Jack Kornfield and Tim Ferriss, "Jack Kornfield—Finding Freedom, Love, and Joy in the Present," March 5, 2018, https://tim.blog/2018/03/05/jack-kornfield/.

44. Shachtman, "Meditation and Mindfulness Are the New Rage in Silicon Valley".

45. Onthe1, "Has Mindfulness Lost That Loving Feeling?," Headspace, August 14, 2015, https://www.headspace.com/forum/viewtopic.php?f=7&t=1253; see also Meditator-B3UO2V, "Metta (Loving-Kindness) Meditation," *Headspace,* January 16, 2015, https://www.headspace.com/forum/viewtopic.php?f=8&t=560; meditator-LXR0TX, "Loving Kindness?," Headspace, June 19,

2015, https://www.headspace.com/forum/viewtopic.php?f=7&t=1159.

46. Alex Payne, "Meditation and Performance," February 24, 2015, http://al3x. net/2015/02/24/meditation-and-performance.html; also see Joiner, "Mindfulness Would Be Good for You. If It Weren't So Selfish."

47. Wisdom 2.0, "Wisdom 2.0 Conference 2014 On-Stage Protest," YouTube, February 24, 2014, https://www.youtube.com/watch?v=S_AHuOkwisI; Amanda Ream, "Why I Disrupted the Wisdom 2.0 Conference," *Tricycle*, February 19, 2014, https://tricycle.org/trikedaily/why-i-disrupted-wisdom-20-conference/.

48. Ron Purser and David Forbes, "Beyond McMindfulness," *Huffington Post* (blog), August 31, 2013, https://www.huffingtonpost.com/ron-purser/beyond-mcmindfulness_b_3519289.html.

49. Purser and Forbes.

50. Ron Purser and David Forbes, "Search Outside Yourself: Google Misses a Lesson in Wisdom 101," *Huffington Post* (blog), May 5, 2014, https://www.huffingtonpost.com/ron-purser/google-misses-a-lesson_b_4900285.html.

51. Rebecca Jablonsky, "The Qualified Self in Quantified Times: Translating Embod ied Wellness Practices into Technological Experiences" (paper presented at the 4S: Society for Social Study of Science conference, Boston, August 2017), 6, http://rebeccajablonsky.com/wp-content/uploads/2017/09/RJablonsky_4S2017Draft.pdf.

52. Thanissaro Bhikku, "Lost in Quotation," *Access to Insight,* August 29, 2012, http://www.accesstoinsight.org/lib/authors/thanissaro/lostinquotation.html.

53. Dale Davidson, "Buddhism: Day 30 and Month 5 Wrap-Up," *The Ancient Wisdom Project,* November 8, 2014, https://theancientwisdomproject.com/2014/11/buddhism-day-30-month-5-wrap/; Dale Davidson, "Islam Day 5—The Case against DIY Religion," *The Ancient Wisdom Project,* June 24, 2014, https://theancientwis domproject.com/2014/06/islam-day-5-case-diy-religion/; Dale Davidson, "Stoicism Is Lonely," *The Ancient Wisdom Project,* February 24, 2014, https://theancientwis domproject.com/2014/02/stoicism-day-13-stoicism-lonely/#comment-744.

54. Bhikku, "Lost in Quotation".

狭隘的视野

1. Tim Ferriss, "5 Morning Rituals That Help Me Win the Day," *4-Hour Workweek* (blog), September 18, 2015, https://fourhourworkweek.com/2015/09/18/5-morning-rituals/.

2. Shem Magnezi, "Fuck You Startup World," *Medium* (blog), October 12, 2016, https://medium.com/startup-grind/fuck-you-startup-world-ab6cc72fad0e.

3. Holly Theisen-Jones, "My Fully Optimized Life Allows Me Ample Time to Optimize Yours," *McSweeney's*, March 27, 2017, https://www.mcsweeneys.net/articles/my-fully-optimized-life-allows-me-ample-time-to-optimize-yours.

4. James Altucher, "How to Break All the Rules and Get Everything You Want," *Altucher Confidential* (blog), October 31, 2013, https://www.jamesaltucher.com/2013/10/how-to-break-all-the-rules-and-get-everything-you-want/.

5. James Altucher, "How Minimalism Brought Me Freedom and Joy," *Boing Boing*(blog), April 15, 2016, https://boingboing.net/2016/04/15/how-minimalism-brought-me-free.html; Alex Williams, "Why Self-Help Guru James Altucher Only Owns 15Things," *New York Times*, August 28, 2016, https://www.nytimes.com/2016/08/07/fashion/james-altucher-self-help-guru.html.

6. James Altucher, "James Altucher's 100,000% Crypto Secret," jamesaltucher.com, October 16, 2018, https://signups.jamesaltucher.com/X403TA32; Erin Griffith, "A Debate about Bitcoin That Was a Debate about Nothing," *Wired*, February 12, 2018, https://www.wired.com/story/a-debate-about-bitcoin-that-was-a-debate-about-nothing/.

7. James Altucher, "How Being a Sore Loser Can Make You Rich (or Crazy)," Altucher Confidential (blog), January 27, 2011, https://www.jamesaltucher.com/2011/01/how being-sore-loser-can-make-rich-crazy/; James Altucher, "Life Is like a Game. Here's How You Master Any Game," *Altucher Confidential* (blog), October 2, 2014, https://www.jamesaltucher.com/2014/10/life-is-like-a-game-heres-how-you-master-any-game/; Altucher, "How to Break All the Rules and Get Everything You Want".

8. Maneesh Sethi, "The Sex Scandal Technique: How to Achieve Any Goal, Instantly (and Party with Tim Ferriss)," *Scott H. Young* (blog), February 2012, https://www.scotthyoung.com/blog/2012/02/06/sex-scandal-technique/; Tim Ferriss, "The Tim Ferriss Experiment: How to Play Poker," *YouTube,* June 20, 2017, 00:30, https://youtu.be/YJE6zeMV2_Y.

9. Altucher, "How to Break All the Rules and Get Everything You Want".

10. BrainQUICKEN, "Improve Your Mental Performance with the World's First Neural Accelerator," BrainQUICKEN/BodyQUICKEN, July 13, 2003, https://web.archive.org/web/20040401233359/http://www.brainquicken.com:80/index2.asp; James Altucher, "James Altucher Cracks the 'Crypto Code'," *Choose Yourself Financial,* April 18, 2018, https://pro.

chooseyourselffinancial.com/p/ACT_cryptocode_1217/WACTU102/?h=true; Altucher, "James Altucher's 100,000% Crypto Secret".

11. Ross Levine and Yona Rubinstein, "Smart and Illicit: Who Becomes an Entrepreneur and Do They Earn More?" (working paper 19276, National Bureau of Economic Research, Cambridge, MA, August 2013), 20, http://www.nber.org/papers/w19276.pdf; Sandra E. Black, Paul J. Devereux, Petter Lundborg, and Kaveh Majlesi, "On the Origins of Risk-Taking" (working paper 21332, National Bureau of Economic Research, Cambridge, MA, July 2015), http://www.nber.org/papers/ w21332; Aimee Groth, "Entrepreneurs Don't Have a Special Gene for Risk—They Come from Families with Money," *Quartz (blog)*, July 17, 2015, https://qz.com/455109/entrepreneurs-dont- have-a-special-gene-for-risk-they-come-from-families-with-money/.

12. Jen Dziura, "When 'Life Hacking' Is Really White Privilege," *Medium* (blog), December 19, 2013, https://medium.com/p/a5e5f4e9132f.

13. Richard Barbrook and Andy Cameron, "The Californian Ideology," *Imaginary Futures,* April 17, 2004, http://www.imaginaryfutures.net/2007/04/17/the-californian-ideology-2.

14. "WEAR SPACE—Red Dot Award," *Red Dot,* April 24, 2017, http://www.red-dot.sg/en/ wear-space/; Chris Ip, "Panasonic Designed Blinkers for the Digital Age," *Engadget* (blog), March 12, 2018, https://www.engadget.com/2018/03/12/panasonic-sxsw-blinkers/.

15. Steve Salerno, *Sham: How the Self-Help Movement Made America Helpless* (New York: Crown, 2005), 6.

图书在版编目（CIP）数据

生活黑客 /（美）约瑟夫·M. 小雷格尔著；沈慧译 .
-- 北京：台海出版社，2020.8
书名原文：Hacking Life：Systematized Living and its Discontents
ISBN 978-7-5168-2607-2

Ⅰ . ①生… Ⅱ . ①约… ②沈… Ⅲ . ①生活—知识—
普及读物 Ⅳ . ① TS976.3-49

中国版本图书馆 CIP 数据核字（2020）第 086307 号

北京市版权局著作合同登记号：图字 01-2020-2321

Hacking Life: Systematized Living and Its Discontents

Copyright © 2019 by Massachusetts Institute of Technology

This book was set in Stone Serif Medium by Westchester Publishing Services. Printed and
bound in the United States of America.

This edition published by arrangement with MIT Press.

本书中文简体字版由麻省理工学院出版社授权使用。

生活黑客

著　　者：[美] 约瑟夫·M. 小雷格尔	译　者：沈　慧	
出 版 人：蔡　旭	封面设计：李　岩	
责任编辑：俞滟荣		

出版发行：台海出版社
地　　址：北京市东城区景山东街 20 号　邮政编码：100009
电　　话：010-64041652（发行，邮购）
传　　真：010-84045799（总编室）
网　　址：www.taimeng.org.cn/thcbs/default.htm
E－m a i l：thcbs@126.com

经　　销：全国各地新华书店
印　　刷：北京盛通印刷股份有限公司
本书如有破损、缺页、装订错误，请与本社联系调换

开　　本：880 毫米 × 1230 毫米	1/32		
字　　数：200 千字	印　　张：9.875		
版　　次：2020 年 8 月第 1 版	印　　次：2020 年 8 月第 1 次印刷		
书　　号：ISBN 978-7-5168-2607-2			

定　　价：69.00 元